U0129741

变态心理学派别

变态心理学

朱光潜全集（新编增订本）

中华书局

图书在版编目(CIP)数据

变态心理学派别　变态心理学/朱光潜著.–增订本.
–北京:中华书局,2012.9
（朱光潜全集新编增订本）
ISBN 978-7-101-07936-4

Ⅰ.变…　Ⅱ.朱…　Ⅲ.变态心理学–研究　Ⅳ.B846

中国版本图书馆 CIP 数据核字(2011)第 055401 号

书　　名　变态心理学派别　变态心理学
著　　者　朱光潜
丛 书 名　朱光潜全集(新编增订本)
责任编辑　聂丽娟
特约编辑　李煜萍
出版发行　中华书局
　　　　　（北京市丰台区太平桥西里 38 号　100073）
　　　　　http://www.zhbc.com.cn
　　　　　E-mail: zhbc@zhbc.com.cn
印　　刷　北京市白帆印务有限公司
版　　次　2012 年 9 月北京第 1 版
　　　　　2012 年 9 月北京第 1 次印刷
规　　格　开本/880×1230 毫米　1/32
　　　　　印张 9 1/8　插页 3　字数 220 千字
印　　数　1-3000 册
国际书号　ISBN 978-7-101-07936-4
定　　价　32.00 元

朱光潜（右二）留学法国时和友人茶叙

朱光潜（前排右二）留学法国期间和师友合影

《朱光潜全集》(新编增订本)出版说明

朱光潜(1897—1986)，安徽桐城人，著名的美学家、文艺理论家、教育家、翻译家，中国现代美学的奠基人和开拓者之一。

朱光潜先生幼年饱读诗书，青年时期在桐城中学、武昌高等师范学校学习；1922年香港大学文学院肄业后，任教于上海吴淞中国公学中学部、浙江上虞白马湖春晖中学。曾与叶圣陶、胡愈之、夏衍、夏丏尊、丰子恺等成立立达学会，创办立达学园，进行新型教育的改革试验。1925年考取官费留学，先后肄业于英国爱丁堡大学、伦敦大学，法国巴黎大学、斯特拉斯堡大学，获文学硕士、博士学位。1933年回国，先后在北京大学、四川大学、武汉大学、安徽大学任教。解放后历任全国政协委员、常委，民盟中央委员，中国美学学会会长、名誉会长，中国作协顾问，中国社科院学部委员等。

朱光潜先生学贯中西，博通古今，对中西方文化都有很高的造诣，在文学、哲学、心理学、美学诸领域，取得了卓越的成就，是我国现当代最负盛名并赢得崇高国际声誉的美学大师。

朱光潜先生将自己的美学思想分为解放前和解放后两个阶段。他的很多著作是在解放前完成并出版的，如《给青年的十二封信》(1929)、《变态心理学派别》(1930)、《谈美》(1932)、《变态心理学》(1933)、《悲剧心理学》(1933)、《文艺心理学》(1936)、《诗论》(1943)、《谈修养》(1943)、《谈文学》(1946)、《克罗齐哲学述评》(1948)，同时翻译出版了[法]柏地耶《愁思丹和绮瑟》(1930)、[意]克罗齐《美学原理》(1947)等。解放后，朱光潜先生开始钻研马列主义，试图以历史唯物主义和辩证唯物主义来探讨一些关键性的美学问题,出版的著作有《西方美学史》上卷(1963)、《西方美学史》下卷(1964)、《谈美书简》(1980)等,并将大量精力放在翻译西方美学论著上,先后将[美]哈拉普《艺术的社会根源》(1951)、[希腊]柏拉图《文艺对话集》(1954)、[英]萧伯纳《英国佬的另一个岛》(1956)、[德]黑格尔《美学》第一卷(1958)第二卷(1979)第三卷(1981)、[德]爱克曼(辑录)《歌德谈话录》(1978)、[德]莱辛《拉奥孔》(1979)、[意]维柯《新科学》(1986)等著作介绍到中国,为推动我国美学事业的发展做出了重要的贡献。

朱光潜先生一生著述和译著丰赡。先生去世后,安徽教育出版社自1987年至1993年陆续出齐了《朱光潜全集》(二十卷)。由于种种原因,有些材料当时未能收入,加之近二十年来,又陆续发现了相当数量的文章,所以,出版《朱光潜全集》增订本已是学术界、读书界的一致希望。为此,中华书局聘请专家组成了新的编委会,在保留原来编委的基础上,根据需要新增了编委,召开了编委会,充分听取编委的意见和建议。此次出版,除了对《全集》内容的增补和修订,重新编排是另一项重要工作,目的是更加清晰地体现朱光潜先生各类著述的情况。兹将新编增订的情况介绍如下:

一、新编。《全集》编为三十册,将朱光潜先生的全部著作按专题重新分卷,各卷均按内容进行归类。每卷内大致按照创作时间的先后为序,个别篇章兼顾相关篇目的内容,前后略有参差。

二、增补。新增文章近百篇,有些是原版《全集》失收的,有些则是从未公开发表过的。新增文章均依内容归入相关各卷。

三、新拟集名。将单篇文章按内容分类,分别编为《欣慨室逻辑学哲学散论》、《欣慨室中国文学论集》、《欣慨室西方文艺论集》、《欣慨室美学散论》、《欣慨室随笔集》、《维科研究》、《欣慨室教育散论》、《欣慨室杂著》、《欣慨室短篇译文集》等。

四、编制索引。各卷均编制人名及书篇名索引。第三十册为总索引,囊括了各卷的人名和书篇名索引。

五、尊重原貌。为保持著作的历史原貌,对文字内容尽量不作改动。原书的译名不做统一处理,将在总索引中对不同译法的译名进行归并,以便查阅。

《朱光潜全集》(新编增订本)的收集、整理、出版工作,得到了学术界、读书界、出版界的支持与关注,在此,谨表示衷心的感谢!由于《全集》卷帙浩繁,内容广泛,写作时间前后跨度逾六十年,且很多著作都有若干版本,所以底本的选择、整理的方式不求统一,可参看各书卷末的《编校后记》。书中编校错误或在所难免,敬请读者批评指正。

中华书局编辑部

2012 年 8 月

目　录

变态心理学派别

变态心理学

附　录

变态心理学派别

序

　　本不善作序，从来也没有代人家作序，此次总算破例了。孟实先生著《变态心理学派别》，所以要我作序者，盖亦有故。他在学问上的兴趣是多方面的；对于文学、哲学、心理学、论理学都感到无上的兴趣，而于文学及心理学尤甚。记得他赴英留学的第一年，还常写信来说自己很犹豫，究竟舍心理学而专研文学呢，或竟舍文学而专研心理学呢？亚理斯多德式的学者在现在是不可能的，于是孟实先生乃不得不有所舍。最近他已决定取文学而舍心理学，所以他说著了此书之后，将不再于心理学有所论列了。他以为我是他早年心理学方面的朋友，所以深承他的厚意，我便来作这一篇序。

　　孟实先生虽算是文学和心理学间的"跨党"分子，然而他在心理学上对国人的贡献，实超过于一般"像煞有介事"的专门家之上。

譬如我们现在都知道弗洛伊德,但是介绍弗洛伊德的学说的,算是他第一个。我们现在已习闻"行为主义",但是介绍"行为主义"的,也是他第一个。我们现在已屡有人谈起考夫卡和苛勒,但是评述完形派心理学的,又是他第一个。读者只须查阅《留英学报》、《东方杂志》及已停刊的《改造杂志》,便可证明孟实先生在心理学方面的努力了。

由他看来,心理学在现在还是一种意见分歧、莫衷一是的学科。各派学者都很有理由攻击他人的主张,可都没有理由掩护自己的缺点。因为这个缘故,所以他在心理学上是徘徊的,怀疑的,不轻易表示态度的(可参看他的关于完形派心理学的论文,登《东方杂志》),也因为这个缘故,所以他对于心理学各派都予以相同的注意,不分厚薄。以"专家"自傲或自欺的学者,往往明于一家之说而昧于他家之说。所以先必有孟实先生的不偏不倚的态度,然后才够得上著《变态心理学派别》。此书对于变态心理学各派,可算是列举无余。虽说是漏脱 Dr. Rivers 和 McDougall,然而有了 Morton Prince 也就可以作他们的代表了。

我虽于心理学上主张"左倾",然而对于孟实先生不偏不倚的态度,却也表示十二分赞成。这几年来,颇想能著一本《心理学派别》或类似的书,以便初学,可是惭愧的很,因忙于他种无聊的编辑的事,到现在还未曾动笔。读了孟实先生的书,因并用以自勖。是为序。

一九二九,五,廿四,高觉敷,序于杭州医院内

第一章　引论

　　向来传统心理学者只以健全的成人为研究的对象，而对于成人的心理又只注意到意识生活一部分。近代心理学的最大成就在把这种窄小范围大加扩充。

　　扩充的方向有二：一是离"心"的，一是向"心"的。

　　因有离"心"的扩充，心理学现已把动物和婴儿都包在研究范围之内。从前惟我独尊的成人心理学固然退处于附庸之列，而意识生活也被视为无关紧要了。这种运动的先驱者要推美国发生派心理学者和行为派心理学者。行为派主将华生甚至于把整个的"心"完全割去，专讲刺激反应，因为刺激反应是动物界的普遍现象，可以用客观的科学方法来研究的。

　　但是同时现代心理学又有向"心"的扩充。因有向"心"的扩充，心理学已把隐意识和潜意识比意识还看得更重要。从前"心"和"意识"几乎是可互换的同义字，现在意识只是"心"的一部分，而且并不重要的部分。好比大海中浮着冰山，意识只是浮在水面的一部分，而大部分没在水中的是隐意识和潜意识。现代心理学者好比鲛人，尝欢喜没入深渊里去探珠。他们窥透心的深处，发见心的原动力不是理智而是本能与情感。这个新发见给十八十九两世纪的理智主义一个极强烈的打击。

研究隐意识和潜意识的心理学通常叫做"变态心理学"（Abnormal Psychology）。严格的说，这个名词并不精确。从近代心理学的观点看，任何人的心理都带有若干所谓"变态"的成分。比方说，谁不曾作梦？而梦就是一种"变态"的心理作用，普通人都可受催眠暗示，而催眠暗示也都是"变态"的心理作用。我们还可以说，通常所谓"变态"其实都是"常态"，因为"变态"是潜意识或隐意识作用，而这两种作用实占心的最大部分。我们读耶勒、弗洛伊德、荣格、普林斯诸人的著作时，每每有一种感想，他们把一切心理作用都用变态心理学的观点解释完了，然则变态心理学以外不就别无所谓心理么？总之，"变态"这两个字是不合逻辑的。

"变态"这个名词究竟如何起来的呢？我们可以说它是传统心理学所给的诨号。传统心理学者只研究意识现象，而意识不能察觉的现象所以被称为"变态"。这自然不精确。我们何以沿用这个不甚精确的名词呢？第一，本编所介绍的学者们大多数都承受这个名词而不辩驳，所以在科学界"变态"两个字在大家心中都有一种相同的"外延"。名字的意义本来是积习养成的。既成了习惯以后，虽然经不起严格的推敲，而为便利起见，我们正不妨沿用。第二，我们所介绍的学者们大半起家于精神病医，所谓"精神病"自然也是程度问题,而极端的例子实在是与"常态"有别。

变态心理现象的研究由来已久。亚理斯多德在《诗学》(Poetics)里论悲剧的功效,曾说哀怜和恐怖两种情绪可因发泄而净化(katharsis)。他所谓"净化"和弗洛伊德的"升华"就很相似。近代德国哲学家对于弗洛伊德派心理学说早已开其端倪,莱布尼兹(Leibnitz)以为造成世界的原子(monads)都有感觉。原子的等级有高低,而它们感觉的能力也有强弱之别。最高的原子才有"明觉"(clear perception),中等原子有"混觉"(confused perception),低等原子只有"昧觉"(obscure perception)。所谓"昧觉"就近于"隐意识"。叔本华(Schopenhauer)以为世界中事事物物都受意志支配。低等生物也有意志,不过自己不能察觉。"隐意识"也可以说就是"不能自觉到的意志"。尼采(Nietzsche)以为人的根本冲动是"趋附权力的意志"(the will to power)。荣格和阿德勒的学说都很带些叔本华和尼采的色彩,我们看完本编之后,自然知道。后来哈特曼(Hartmann)把叔本华的学说应用到心理学上,其主张更与隐意识学说相近。比如他说"本能是受制于无意识的目的之有意识的意志"(conscious willing conditioned by unconscious purpose),就几乎与弗洛伊德同一鼻孔出气了。

我们在本编只是介绍近代变态心理学的主要思潮,所以把只有考据家用得着的史料一概从略。而且我们的兴趣偏重在科学的研究,带有哲学色彩的心理学说也和我们气味不相投。

概括的说,近代变态心理学有两大潮流:

第一个潮流发源于法国,流衍为"巴黎派"和"南锡派"。"南锡派"近又流为"新南锡派"。"巴黎派"中的耶勒也独树一帜。这一般学者有三个重要的共同点:

（一）他们都着重潜意识现象（the subconscious）。

（二）他们都用观念的"分裂作用"（dissociation of ideas）来解释心理的变态。

（三）他们都应用催眠或暗示为变态心理的治疗法。

美国的普林斯是受过法国派思潮的影响的，所以这三个要点在他的学说中也可以看出。

第二个潮流发源于奥国及瑞士。在奥国的叫做"维也纳派"，以弗洛伊德为宗，在瑞士的叫做"苏黎世派"，以荣格为宗。阿德勒受学于弗洛伊德，本为"维也纳派"的健将，因为和同门的朋友们闹意见，后来离开自立门户，一般人称之为"个别心理学派"。这几派学者大半都不着重潜意识而着重隐意识，都以为精神病源不在观念分裂而在情与理的冲突。他们大半抛弃暗示和催眠，而应用"心理分析"为变态心理的治疗法。

这两大潮流的派别可列如下表：

（一）注重潜意识者
- 巴黎派——夏柯
- 南锡派——般含
- 耶勒
- 新南锡派——鲍都文
- 英美派——普林斯

（二）注重隐意识者
- 维也纳派——弗洛伊德
- 苏黎世派——荣格
- 个别心理学派——阿德勒

本编将顺序将这几派学说的要点作一简明介绍，偶尔附一点批评。

第二章　巴黎派与南锡派

在近代各国中,研究变态心理的风气以法国为最盛。法国变态心理学在十九世纪中有两大派别。一派以巴黎的沙白屈哀医院(La Salpêtrière)为大本营,所以称沙白屈哀派,亦称巴黎派,这派最大的领袖是夏柯(J. M. Charcot)。一派以南锡(Nancy)的大学和医院为中心,所以称南锡派,其最大的领袖为般含(H. Bernheim)。这两派的影响都很大。南锡派后变为新南锡派,现在风行一时的自暗示术即源于此。巴黎派夏柯教了两位青出于蓝的徒弟,一为耶勒(P. Janet),为现代法国心理学界的泰斗,一为弗洛伊德(S. Freud),为心理分析术的始祖。

催眠术的略史　巴黎派与南锡派是对敌的。他们争论的焦点为催眠术,所以催眠术可以说是近代变态心理学的催生符。我们最好先略讲催眠术的历史。

通磁术 催眠术（hypnotism）是从动物通磁术（animal magnetism）脱胎来的。通磁术的始祖为十八世纪奥国的麦西卯（Mesmer），所以又称"麦西卯术"（Mesmerism）。麦西卯相信人体中有一种液体，周流全身，其功用颇类似磁气。人之健康就赖这种"动物磁液"（the fluid of animal magnetism）在全体各部分中保持平衡。如果身体中某部分所含磁液过多或过少，结果于是生病。动物磁液可以人意支配，又可以从甲体传到乙体，所以人体中磁液失平衡时，我们可以用通磁术将甲部过多的磁液移到乙部，或从甲体传些磁液给乙体，使各部磁液恢复平衡。平衡既恢复，则病立即痊愈。

麦西卯在巴黎开设一个通磁疗治院，尝奏奇效，所以生意极一时之盛。他怎样实行通磁术呢？疗治院四壁都用帷幕遮起，所以现出很浓厚的神秘色彩。室中央置一大木桶，桶中满盛铁砂，玻璃粉和水，桶盖上穿许多小孔，孔中插着铁棍。就诊的病人都围着木桶站着，各取一铁棍触身体上有病的部分。大家都肃静无哗，室中又充满着凄楚的琴音，仿佛是举行宗教典礼似的。麦西卯于是披着深蓝色的丝袍，持着像魔术家所用的铁棍，以眼光注视病人，绕桶游行一周，顺次用铁棍触病人，用手在病人身上按摩数过。这样一触一摸，他以为磁气就通到病人身上去了。病人经过这番通磁以后，尝呈迷狂状态，或发狂笑，或喃喃呓语，或狂舞乱跳。麦西卯称这种迷狂状态（其实就是催眠状态）为"健康转机"（salutary crisis），因为许多病人经过通磁发狂以后，原有的病果然无形消散去了。

通磁术进为催眠术 通磁术何以后来会变为催眠术呢？麦西卯的门徒蒲塞句公爵（Marquis de Puységur）有一次实行通磁术，发见病人在应现"健康转机"时，很安静的睡去，叫他摇他，他都不能醒。过一刻功夫后，他自自然然的爬起，走路谈话做事比平时还要敏捷，可是仍然在熟睡状态中。蒲塞句把这种状态叫做睡行（som-nambulism）。病人在睡行时对于蒲塞句所说的话莫不听从。比如蒲塞句告诉他现在很快活，他便自以为快活，告诉他现在是赴宴会，他便郑重其事的和想象的座客作种种周旋，这些经验他在醒后完全忘却，而原有的病也涣然冰释。这件事实显然证明催眠和暗示的可能，虽然蒲塞句还没有拿这两个名词称它。

通磁术盛行以后，社会多视之为神秘，许多人又藉以招摇撞骗，所以惹起科学家的仇视。一八四〇年法兰西学院曾通令严禁通磁术，于是往日风靡一世的万宝灵应丹至是遂为学者噤口所不敢谈了。

白莱德的单念说　但通磁术尽管是荒谬，而睡行状态终待解释。到了十九世纪后期，催眠术又惹起学者注意。这个新运动的先驱为英人白莱德（J. Braid）和法人波屈兰（A. Bertrand）。从他们起，通磁术才正式变为催眠术，他们的学说和麦西卯的学说相较，异点在哪里呢？概括的说，麦西卯的解释是生理学的，白莱德和波屈兰的解释是心理学的。麦西卯以为催眠状态（即他所谓"健康转机"）是通磁的结果，白莱德等则以为催眠状态是一种心理作用。观念都有变为动作的趋势。念着赛跑时，脚就无意的走动起来，可为明证。通常观念所以不尽变为动作者，由于同时心中有其他相冲突的观念，如果注意力专注于某一观念时，则该观念尝实现于动作。在何种情境之下，注意力才专注于一个观念呢？催眠状态便是这种情境之一。所以白莱德说，催眠状态是过度注意（excess of attention）的结果。这个学说通尝叫做"单念说"（Monoideism）。近代许多解释催眠的学说，都不过是"单念说"的变相。

白莱德是催眠术史上的最重要的人物，所以催眠术又叫做"白莱德术"（Braidism）。他实行催眠时只叫受催眠者注视一玻璃水瓶塞。这足证明催眠的要务在注意集中，铁棍并非不可少之物，而通磁之说也很无稽。白莱德又是暗示术的先导者,他尝患筋骨痛,越三日夜不能成眠,有一次自施暗示,入催眠状态中,过九分钟醒来,病即全愈。

李厄波　白莱德之后,催眠术史上的重要人物为南锡医生李厄波(A. A. Liébeault)。他是南锡派的开山祖,是第一个人正式应用催眠于治疗术的。他的方法很简单,先将病人催眠,然后高声的告诉他,说他所患的病已全愈。"病愈"一个观念既暗示到病人的心理以后,他醒后便无意的受这观念影响,而病果然消失。李厄波相信观念影响健康,不特在精神病为然,即在器官病也莫不如是。所以他以为肺病、风寒、牙痛等症都可用暗示医好。这是南锡派的基本信条,后来般含的学说即根据李厄波的治疗法,而新南锡派的自暗示术也是催眠治疗法的变形。

南锡派与巴黎派的争点　南锡派学者研究催眠,偏重其心理的方面,而对催眠状态中的生理变化则不甚注意。巴黎派学者的研究方法则与此适相反,他们专注意催眠状态中的生理变化,以为这是有迹可寻,不似心理的机械之繁复不可捉摸。持这种态度最明显的要推夏柯。夏柯与般含同时,因所用方法不同,所得结果不同,而他们的学说也就互相冲突。这两派的笔墨官司打得很长久,但是争论的要点不外两个:

(一)巴黎派学者都是沙白屈哀医院的精神病医生,平时所催眠的人都是患精神病的人,所以他们把催眠状态看作一种精神病征,以为只有患精神病的人可受催眠。南锡派以为催成的睡眠与寻常天然睡眠无异。他们发见他们所催眠的人中有百分之九十以上都可受催眠,而受催眠者不必患精神病。

(二)巴黎派既以催眠状态为精神病,所以指出几种生理的变化来,说那是催眠状态的特殊病征。夏柯说催眠尝呈三种状态,而每个状态都各有其特征。第一为昏迷状态(lethargic state),其特征为四肢松懈,五官麻木,惟筋肉则呈现过度感动性(hyper excita-bility),例如轻触左腕筋肉,则左腕颤动不休,这种颤动少顷即由左腕传到左肘,由左肘传到右肘,由右肘传到右手。第二为萎靡状态(cataleptic state),其特征为缺乏筋肉过度感动性,病人肢体完全受催眠者支配,比如把他的手举起,它就永远举起,把它的眼皮张开,它就永远张开。第三为睡行状态(somnambulistic state),其特征为锐敏的暗示感受性,催眠者发任何命令,受催眠者都听命唯谨。夏柯称全具这三种状态的为"大催眠状态"(la grande hypnotism)。最奇怪的是这三种状态都可以施用手术使它们呈现,例如欲唤起第一状态,可轻闭眼皮,欲唤起第二状态,可将眼皮揭开,欲唤起第三状态,可轻按头顶。总之,巴黎派把催眠状态看作病征,由于精神病者多,由于暗示作用者少。南锡派极力反对此说。在他们看,凡催眠不必尽具这三种状态,而具这三种状态时,也完全由于暗示,与精神病无关,尤其不是施用手术的结果。夏柯所催眠的人都是患精神病者,他们平时看惯了同院的病人在催眠状态中所发的种种生理上的变化,无形中已受了很深的暗示,所以医生用手合眼睫时,病人即预期曾经见过的昏迷状态发生;用手按摩头顶时,病人即预期曾经见过的睡行状态发生。总之,夏柯的受催眠者都是曾经受过催眠训练的人,所以他的实验结果只足证明催眠的要素为暗示,而不能证明催眠为病态。

　　巴黎派与南锡派争辩颇久。他们究竟谁是谁非呢?现代学者大半都赞同南锡派的主张,只有耶勒还跟着夏柯相信催眠是一种精神病态。

　　般含的学说　催眠的要素为暗示。它是一种心理作用,与病理无关,催成的睡眠与天然的睡眠,根本并无二致。睡眠中暗示受感力特强,所以观念立即实现于动作。这几点是南锡派的基本信条,而这种信条所根据的实验结果则具载于般含的《暗示治疗术》一书(Suggestive Therapeutics,1886),这是论睡眠术的著作中一部最有趣味的,现在略述其要。

般含的治疗法 般含所用的方法极简单。他首先向受催眠者说明催眠的原理及功效,使他知道催眠有治疗的功用而却与寻常睡眠无异,不是一种神秘的法术。遇必要时他还在受催眠者的面前,将旁人催眠,使他对于催眠不生疑虑或畏惧。受催眠者既看惯了,于是般含向他说:"看着我!你心里一切都不用想,只专心想着睡眠,你觉得眼皮很沉重了,你的眼睛已疲倦了。你现在打盹了,眼睛湿汪汪的了,你已经看不清楚了。"多数受诊者听过这几句暗示,立即合眼入睡,如果他还不能入睡,般含就复述前数语,并作姿势以助暗示,或者在说完暗示的话时,用命令语气叫他"睡!"。催眠的成功秘诀为信仰。受催眠者须有愿受催眠的决心,须以全副身心信托于催眠者,凡有命令,都须服从。受催眠者如果有这种决心和信仰,十九都会稍受暗示即可入睡。有时第一次催眠不甚奏效,到第二次第三次以后,暗示感受力便逐渐增大。唤醒受催眠者也用暗示,例如说:"完了!醒过来罢。"睡得过熟的人略难唤醒,通常催眠者多用冷水泼面,般含尝用吹眼皮法。

催眠的定义 般含发见百人中有九十五人可受催眠,惟睡眠的程度随人而异。有些人只微睡,虽有暗示感受性,而感觉意识记忆却仍保常态。有些人睡得很熟,四肢五官都麻木不仁,好像一种自动机,一切都任催眠者指使。有些人深入睡行状态,暗示不仅在睡眠中可生效,即睡眠中所受的暗示在醒后也会实现于动作。有些人不必入睡而却现出很强的暗示感受性。hypnotism 的定义通常是"催成的睡眠"(induced sleep),所以中文译名为"催眠"。般含以为不入睡者既可受暗示,则上面的定义太窄狭。他的 hypnotism

定义是"增加暗示感受性的特殊心理情境之引起"（the induction of a peculiar psychological condition which increases the receptibility to suggestion）。他举了许多有趣的实例来证明这个定义。

催眠由于暗示的实例　最普通的例是引起麻木的暗示。般含尝对受催眠者说："你已完全没有感觉了，你的全身都麻木了，我刺你，你不觉得，我用亚母尼亚给你闻，你也嗅不出什么。"受这番暗示后，他果然全体麻木。

暗示可用言语，也可用动作。催眠者一举一动，受催眠者尝不由自主的模仿。比如催眠者交手，受催眠者亦交手；催眠者踏地，受催眠者亦踏地。最奇怪的是受催眠者有时看不见催眠者的动作，也能照样模仿。比如站在受催眠者背后作揖，他也随而作揖。般含以为这没有什么神秘，因为被催眠时感觉尝异常锐敏，看不见的也许听得见。他站在受催眠者背后不做声不做气的做动作，受催眠者并不仿效他。般含以为通磁家就误在没有懂得这个道理。通磁家尝用磁石移转（transfer）麻木症。比如上身患麻木可用磁石转移到下身去，左边患麻木，可用磁石转移到右边去。他们以为病人身中的磁液可随医生的手或铁棍或磁石移转，其实这和上例模仿动作同理，都是暗示的结果。

在催眠状态中，受催眠者可因暗示的影响而生种种幻象（hallucination）。般含给 S 暗示说："你醒过来后，须走到你的床前，一位女子提着一篮杨梅来送你，你应该接收下，握手谢谢她，然后把它们吃下。"半点钟后他醒来了，果然走到床前，向乌有先生说："太太，你好呀！谢谢你！"接着就作握手的姿势。后来那位女子仿佛是去了，他津津有味的吃那幻象的果子，时而揩手揩嘴，时而抛弃果柄，好像实有其事一样。

许多病症都可以用暗示来治疗，般含举过很多的实例，现在择一个来说明：有一个小孩患筋骨痛，手膀不能上举。般含向他暗示说："闭起眼睛去睡，孩子，你已经睡了，尽管好好的睡，待我唤醒你。你睡得很熟了，你觉得很舒畅似的，你的全身都睡着了，你不能动了。"孩子这样被催眠了以后，般含于是把患筋骨痛的手臂举起，用手按着它说："痛已经消去了，你不觉得什么地方痛了，你能够动手臂而不觉得痛了。你醒后再不会觉得痛了，痛不再回来了。"他继此又暗示别一种感觉来代替痛感说，"你觉得手臂有些热。热渐增加了，但是痛是完全去了"。数分钟后，他醒过来，对于催眠经过完全忘记，而筋骨果然不复痛，手臂也可上举。

暗示的观念如何变为动作　以上诸例都足证明催眠的要素为暗示，但暗示的观念何以能变为动作呢？换句话说，由暗示观念到观念实现，其间心理变化为何如呢？

念动的活动　在般含看，变态心理和常态心理其实受同一原理管辖，暗示的反应都是自动机式的（automatic）。所谓自动机式的动作都是一触即发，不受意识支配。这种自动机式的动作在常态心理中也极普通。反躬动作如呼吸、循环、营养等等，习惯动作如走路、游泳、吃饭等等，本能动作如喜、怒、爱、恶等等，都是不自知其然而然的，都是自动机式的。吾人在婴儿时期，脑中神经纤维尚未发达，意识既茫茫然，意志更未露萌芽，所发动作如吃乳、握物、啼哭等等都是自动机式的。年事逐渐长大，意识逐渐开发，吾人乃渐能感受教育与习俗的影响，以意识作用控制天然倾向。比如遇见仇人，第一念是要凌辱他，稍加反省，便为礼法观念所阻止。再比如墙孔风声，骤闻疑是有人呜咽，稍加意识作用检察，便知这是幻觉。但是意识作用之来尝在天然倾向之后。比如听人说一句话，天然倾向是置信，所以儿童们比较轻于相信别人告诉他的话。意识作用对于天然倾向加以检察，加以纠正，然后才有疑，才有否定。信在疑之先，我们可以取一简例证明。比如猛然告诉一个人说，"你的额上有一只蚊虫"，他立刻会举手去扑。这本是一件日常的经验，而却与暗示催眠同理。暗示催眠也是行动的信仰，和冲动的反应。吾人对于所见所闻，天然的倾向是置信，所以遇一暗示的观念立即容纳，容纳之后立即使它实现于动作。比如看旁人搔痒，便觉得自己的皮肤也很痒似的；听见跳舞的音乐，腿子便立刻走动仿佛真是去跳舞。心有所念，念即变为动作，这种动作通常叫做"念动的活动"（ideo-motor activity）。暗示催眠的反应就是"念动的活动"。在念动的活动中，观念仿佛有一种力，逼得它变为动作。般含尝用两指夹着表链，将表垂在额前，发见表可随观念而移动，比如心里念它左右摆，它便左右摆，心里念它前后摆，它便前后摆，虽然同时并无意要移动手指。

现在我们再回到原来的问题。在催眠中，暗示的观念何以能直变为动作呢？从上段所说的道理看，应有的结论似乎是这样：

在催眠状态中，意识作用不存在，暗示的观念不受其它相冲突的观念节制，所以本其天然的倾向，一直变为自动机式的动作。蛙断头后还能发射动作，用脚抓去皮肤上的酸液。受催眠者的所发反应仿佛类似断头蛙的反射动作。

催眠状态中意识是否存在 这是德宾（P. Despine）的主张。但般含却不以为然。在催眠状态中，意识作用并非完全消灭。般含尝把受催眠者的手指摆在鼻尖上，暗示他说，"你不能把它拿下来了"，受催眠者极力把它拿下，而觉得不可能。观此可知受催眠者还可使行意志。催眠程度深时，醒来固不能记起眠中经过，可是只要预给一个暗示说，"你醒后对于一切经过都须记得"，受催眠者醒后就能把眠中经过描写得一字不差。有时我们并不必脱催眠状态而也可受暗示。这些事实都足证明意识作用在受暗示时仍然存在，然则意识作用何以不如平时能阻止自动机式的动作呢？

在般含看，催眠状态中观念之无意的直变为动作，乃由于"念动的反射的感动性之提高"(exaltation of the ideo-motor reflex excitability)。这话怎样讲呢？我们最好用一比喻，把自动机的这反射动作比逃贼，把意识作用比警察。依德宾的学说咧，我们应该说："贼逃了，因为警察不在那里。"般含说："不然，警察还是在那里，但是这一次贼特别敏捷，等到警察来捕他，他早已逃脱了。"

般含的未决问题　般含这种学说究竟还不彻底。他没有告诉我们何以这次贼特别敏捷，在催眠暗示中"念动的反动机械"(ideo-motor reflex mechanism)何以能增加其感动性？般含对于"暗示如何成功？"一个问题仍然没有解决。

"念动的反动"不可能　不仅如此，般含和其他法国学者学说都根据"念动的反动"说，以为观念自身如果没有其他冲突观念障碍，就可本自己的力量实现于动作。他们并没有想到观念自身直接变为动作是不可思议的。近代心理学者大半否认"念动的反动"之可能，以为离开情感与本能，观念是无济于事的。如依此说则法国各派的"暗示"学说须根本动摇。

般含的贡献　虽如此说，般含的贡献究竟不可淹没。他是第一个人证明催眠就是暗示，与磁液无关，与病态也无关。这个证明是南锡派的立脚点，也是新南锡派的出发点。

般含与弗洛伊德　我们尤其不要忘记，般含是弗洛伊德的先生。弗洛伊德虽不是他的继承者，却是他的矫正者。般含尝在催眠中发种种号令叫病人在醒后照行。病人醒来照行号令而却忘记他曾经受过号令。般含设法挑问，病人也往往可把催眠中经验逐渐回忆起来。这件事实引起弗洛伊德推论隐意识也不难照样召回到记忆中。所以心理分析法的发生史上般含也应有位置。般含所谓"感受性"，弗洛伊德以为就是"移授"(transference，详后)。病人"移授"其"来比多"潜力于施诊者，所以对于他言听计从。

第三章　新南锡派

库维和鲍都文　新南锡派的首领为库维（E. Coué），他在中年曾就南锡派的首领李厄波学催眠术，所以新旧南锡派是一线相承的。他曾在南锡开设药店，卖药而并施行催眠。在营业经验中，他发见两件可注意的事实。第一，他所催眠的病人真正入熟睡状态者仅十分之一，而不入熟睡状态者也同样可受暗示。第二，他所卖的药所生效验有时并不由于药性本身而由于病人的心理作用。因此，他断定暗示不必定要催眠，也不必定要有催眠者。他于是抛开催眠术而代以自暗示（autosuggestion）。不数年间，自暗示的功效大著。欧战发生时，就库维请治疗者每年至一万五千人之多。库维是一个实事求是的医生，推行自暗示的方法而却未曾阐明自暗示的学理。阐明自暗示学理的人为鲍都文（C. Baudouin）。他的

《暗示与自暗示》一书就是给库维治疗法树一个心理学的基础。

新旧南锡派的分别 新南锡派和旧南锡派在主张上有何分别呢？这两派都着重暗示，而对于暗示的解释则微有不同。概括的说，暗示有两大成分：

（一）施诊者暗示一观念于受诊者，而受诊者接收这个观念于心中。

（二）这个观念在潜意识中实现于动作。

旧南锡派着重第一成分，新南锡派着重第二成分。旧南锡派视施诊者为必要，新南锡派以为人人都可向自己实行暗示。暗示的要点在使观念变为动作，至于谁把这观念引到心里去实无关宏旨，好比栽花意在结果，栽的人为自己也好，为园丁也好，结果总是一样。

因此，鲍都文下暗示的定义，把施者与受者的关系完全丢开，而专论暗示本身的特性。他说，暗示是"观念之潜意识的实现"（the subconscious realisation of an idea）。这话怎样解呢？现在用他所举的制产例说明。某孕妇的临盆期理应在三礼拜以后，邦有医生（Dr. Bonjour）要用暗示使她提前产育，在礼拜五日给她暗示说："下礼拜四日午后二时你要睡着，那天夜里你就要临产。我在礼拜五日上午七时来看你。孩子下地要在礼拜五的正午。"到了下礼拜四日午后她果然入睡，礼拜五孩子果然产出。这些时候，她都在催眠状态中，医生唤醒她时，她把前一礼拜中的事体通忘了，连自己生了孩子，也还不觉得。这事看来虽近于神秘，其实全是暗示作用。她心里先接收医生所暗示的"下礼拜五日生产"一个观念，而这个观念在潜意识中实现了，所以她醒来毫不觉得。一切暗示都可作如是观。

暗示的种类 暗示本都只有一个原理，但施暗示者有时为他人，有时为受暗示者自己，因此暗示可分为他暗示与自暗示两大

类。自暗示有时为天然的无意的,有时为有意的,反省的。所以暗示可分类如下表:

1 天然的(spontaneous)暗示 ⎫
2 反省的(reflexive)暗示　⎬ 自暗示
3 催起的(induced)暗示……他暗示

现在逐层讨论如下:

天然的自暗示　我们在日常生活中尝于无意中给自己以暗示,因其为无意的,所以我们把它忽略过去,现在略举几个实例,便可见出天然的自暗示是极普通的。

摆一块三丈长九寸宽的木板在地面上,个个人都能在木板上走,脚不至于踏地。倘若把这块木板悬在两个塔顶上,不是走惯了的人会走不上几步就跌下了。这就由于天然的自暗示。走悬空的木板时我们无意的自暗示说,"这多么危险,我会跌落下去呀!"这个"跌落"的观念太牢固的占住心头,所以果然实现于动作。做事最好是大着胆子,"如临深渊如履薄冰"的人往往都是踏穿薄冰堕入深渊的。鲍都文根据这种种事实定了一条原则说:"念某动作,某动作即出现。"(The idea of a movement gives birth to this movement.)

同理,"念某观念,某观念即出现"。比如坐在屋里等着急于晤面的朋友时,心里念着他来时会按铃,因为等得太性急了,他还没有到,我就仿佛听见铃声。再比如深夜行森林中,心中疑鬼疑神似的害怕,看见前面树影,就真以为见着鬼。再比如追忆一个习见的字,心里念着这字已被我忘却了,于是就果然忘却,愈想愈记不起。这都是本来没有某种观念,我姑念其有,它果然就进上心头。

"念某情感,某情感即出现"。心里自以为悲哀苦恼的人十九就实在是悲哀苦恼，心里自以为快乐的人十九就实在是快乐。初次登台演说的人尝预先念着："我向来没有演说过，这次上台要害怕呀！"登台时他果然心跳腿战，一个字也说不出。打败仗的人看见草木皆兵，愈念着恐惧，愈觉得恐惧。有人说，情感是传染的。所谓传染就是互相暗示。送葬的人岂有个个都是悲从中来，但是心里原来很平淡的人看见人家都带着愁容惨貌，往往也不由自主的觉得悲伤。

许多迷信中都寓有天然的暗示。中国乡里尝用符咒医病。患疟疾的人想去疟疾，不是吃画有符咒的鸡子，就是用纸包一文钱丢在路上，以为拾得的就会把疟疾传过去。有时这种方法却也实在见效。这就因为病人无意的自暗示说："我这样做，病就会全愈。"瑞士 Vaud 州的民间有一种得疣去疣的方单，与中国去疟的方法也很类似。欲得疣者夜间出外以口沫湿手指，眼睛注视一颗星，同时以湿手指点其他一只手。依法行过数次以后，被点的手上果然会生小疣。Vaud 州的妇女很好做这种玩艺。她们自己得了疣以后，就设法传给别人。传疣的方单也很有趣。患疣者以带束生疣的手，有几个疣便打几个结，然后把带子丢在路上。拾得带子的把带子的结解开，就会把疣传过去。鲍都文以为这是自暗示的一个好例。

中国旧有"胎教"的话，西方也有这种信仰，以为孕妇尝念着什么样的孩子，将来就会生那样的孩子。鲍都文引的一个实例就是一种"胎教"的成绩。Artault 在他的《医学记录》（Chronique Médicale）里有这一条："一个年轻妇人在怀孕第二月中，她丈夫的朋友来访他们。她从前没有见过这人。她见到他的右手食指的怪状，大为惊讶。那个指甲既厚而又弯曲，仿佛像一个狮爪。……以后这个怪指甲便尝在她的心中作祟。那位朋友在邻近住了数月，每次他来吃饭，孕妇总是注视他的怪手指，因为她心里很怕她的孩子将来也会生那样怪指甲。她怕得很厉害,所以她丈夫请那位朋友遇着她在面前时都要戴手套。但是不幸那个印象已深刻在胎里了,她的孩子出世时,右手食指也是一个兽爪形,恰和那位朋友的一个模样。"

自暗示的定律 从以上诸实例中鲍都文抽出四条关于天然的自暗示的定律:

(一)注意集中律(the law of concentrated attention)。天然的注意力所集中的观念尝有实现于动作的倾向。例如走悬空的木板时,天然的注意力集中于"跌落"一观念,所以"跌落"果然成为事实。

(二)附加情感律(the law of auxiliary emotion)。天然的注意力尝集中于对吾人有利害关系的事物,所以尝伴着情感。某观念所伴的情感愈强,则其实现的倾向也愈大。一九一五年德国飞机攻巴黎,一个居在五层楼上的瘫妇忽然自己也莫明其妙的走下楼。这也是暗示作用。她本不能行动,但是听见邻近炸弹声时,"逃下楼"的观念异常强烈,而且伴有很强烈的情感,所以她居然能在潜意识中实现逃下楼的动作。

(三)反向努力律(the law of reversed effort)。这是一条最重要的自暗示律。我们最好举例说明。我们夜间失眠,愈想睡而愈不能睡,愈想闭起耳朵,而平时听不见的表声现在比钟声还更响亮。再比如我们初学骑脚踏车,看见前面一块大石头,不觉张皇失措,极力想避开它而结果终于顶头大撞。这都是受反向努力之累。失眠的人先已暗示"失眠"的观念,以后又努力反攻这个暗示,自己再三说"我要睡眠",这种有意的努力不但不能反攻原来的暗示,反而能助长他的势力。这种努力所以叫做"反向努力"。

(四)潜意识的意匠经营律(the law of subconscious teleology)。暗示是观念变为动作所经过的工作。这种工作都是在潜意识中进行的,所以自己做时毫不觉得。"目的既经暗示过,潜意识会寻求方法出来实现它。"比如我们要解答一个数学难题,百思不得其解,把它索性抛开去游戏或做他种工作,后来精确的答案会于无意中迸上心头。这就是由于潜意识的意匠经营。

反省的暗示 上文讨论天然的暗示时,我们知道观念可以本其固有力量在潜意识中实现于动作。前面诸例都是无意的暗示。我们也可以用意识来支配暗示,只暗示有利于身心的观念。这种有意的暗示叫做"反省的暗示",就是新南锡派学者所用的治疗法。通常所谓"自暗示"大半指"反省的暗示"。

反省的暗示和天然的暗示之别 反省的暗示和天然的暗示相较,其根本原理似相同而究有分别。第一,情感是自然流露的,不受意识支配,所以上文所述的"附加情感律"不能应用于反省的暗示。第二,在天然的暗示中,注意集中律与反向努力律可并行不悖,因为这里所谓注意也是天然的,不是有意的努力;但在反省的暗示中这两条定律就不免互相矛盾,因为反省的注意是一种有意的努力,而有意的努力尝为反向努力。比如走悬空的木板时,注意如果集中于避免跌落,依注意集中律说,我们应能实现"避免跌落"的观念,可是依反向努力说,我们避免跌落所用的有意的努力适足增长"跌落"的暗示。所以在反省的暗示中我们同时有两个矛盾的暗示,一个暗示是要实现某观念而另一个暗示却又怕该观念实现。注意愈集中,反向努力的影响愈大,结果总是所得适乖所求。

想象重于意志 因为要免去反向努力,故南锡派学者主张在实行自暗示时,丢开意志而专任想象。比如我们想施行自暗示使夜间可安眠,我们切忌信赖意志,很执拗专横似的向自己说:"我要睡得好,我要努力不去听周围的声音,我要努力不想一切。"这样办,反向努力适足使我们失眠。我们最好的办法是信任想象,虚心静气的躺着,心里想象我今晚会睡得甜蜜蜜的,想象睡的时候肢体是如何轻松,头脑是如何昏迷。闭眼想象几分钟以后,睡自然会来的。依库维说,一切行动,起于意志者少,起于想象者多。古今成大事业的人如凯撒、拿破仑等,一般人都以为他们有过人的意志,其实他们都是极大的想象家。田野鄙夫不会树征服世界的功绩,因为他根本就没曾梦想到穿衣吃饭以外的事。自暗示就是一种增加想象的方法。

在反省的暗示中,意志尝与想象冲突,注意集中律尝与反向努力律相冲突,所以反省的暗示之最重要问题是:暗示的观念何以能一方面有相当强度,以便实现于动作,而另一方面又不须费有意的努力呢?

潜意识的自由涌现　依鲍都文说,此两条件须于注意力弛懈、遏止作用(inhibition)不存在、潜意识自由涌现(outcropping)时求之。注意力在何种情境下才弛懈呢? 最普通的是睡眠,其次如沉醉时如幻想时,潜意识不受意识的遏止作用,亦可自由涌现。潜意识自由涌现时,一方面既无反向努力,而另一方面观念又极生动活跃,所以暗示的感受性在这个时候最为强烈。但是在睡眠和沉醉中,意识几完全停顿,我们很难在此时施行有意的自暗示。不得已而思其次,我们最好抓住入睡以前和睡醒以后那一顷刻,因为在这一顷刻中注意力也很弛懈。

凝神　鲍都文以为最适宜于自暗示的心境乃是"凝神"(contention)。"凝神"是一种"不费力的注意"(attention minus effort)。比如我现在写文章,刚起手时许多分心事物纷至沓来,门外的车声,一刻钟以前所接的信,本晚和友人所预定的约会,壁上所挂的画,都有引起我注意的可能。心不能同时有二用,我因为要做文章,于是极力把旁事丢开,把心专用在文章上。这是通常的注意,是要费力的,因为同时心境还被许多其他事物侵越。在"凝神"状态中则不然，此时心境很空灵，精神聚会于一个单独的事物，其他都丝毫没有能力牵动我的心绪，所谓"静听不闻雷霆之声，熟视不睹泰山之形"，就是此时心境。"凝神"状态中注意力一方面可以说是凝聚的（concentrated），因为心中只有一种对象，而另一方面却也可以说是弛懈的（relax），因为旁的事物不惹注意，丝毫不用费力。

安息注意 这种空灵的心境有时是天然的，有时也是养成的。养成的方法在安息注意（immobilisation of attention）。所谓"安息注意"就是"收放心"。注意如何可安息呢？最好的方法就是先把注意力集中于某一事物，久之注意力自然因疲乏而弛懈，不专注于任何事物，而心境于是空灵的。乳母要小孩子睡时，尝唱很单调的歌，没有变化的摇动他的床，就是要他的注意力疲乏。禅家习静，往往数念珠，或注视鼻端，或念"南无阿弥陀佛"。鲍都文所说的安息注意法，也很类似参禅。以安息注意求心境空灵，使潜意识易于涌现，鲍都文称为"自催眠"（autohypnosis）。行自暗示之先，最好先行自催眠，但眠不宜熟，因为熟睡中自暗示便不能施行。

自暗示 实行自暗示时，所暗示的观念可为特殊的或普遍的，库维在早年颇重视特殊的暗示，比如体质羸弱的人须尝自暗示说，"我的体格比从前强干多了"，精神颓唐的人须尝自暗示说，"我近来心境实在比较愉快"。总之，有一种特殊的毛病，便对症下药，用一种特殊的暗示。但是库维在晚年发见一切毛病都可以用一个普遍的暗示去治疗，我们最好于每天早晚在睡前或醒后凝神微诵，"在种种方面，我都一天好似一天"。（Tous les jour, à tous points de vue, je vais de mieux en mieux.）每次诵十数遍，久而久之，我们自然觉得百病全消，身心俱健。鲍都文也赞成用普遍的暗示，不过以为普遍的暗示可与特殊的暗示并行不悖。我们最好于每日早晚行普遍的暗示以外，遇着某种病发生时可随时随地，练习凝神，用手按摩患病处,微诵着"这病渐渐消去了"(çapasse),最要紧的是一切都要来得自然,不可让自暗示变成一种累人的功课。

他暗示即自暗示　在旧南锡派学者看,一切催眠都是暗示,在新南锡派学者看,一切暗示都是自暗示。旧南锡派重视催眠者与被催眠者关系,以为催眠者把他自己的观念传到被催眠者心里去,所以被催眠者对于催眠者信托愈深,则暗示愈易生效。新南锡派以为暗示的观念起于受暗示者的自己心中,并非可从施暗示者传来,所以他暗示其实仍是自暗示。库维尝举下例说明这个道理。他尝暗示 S 说,窗子右扇有一白衣人影,他自己心里是指窗子右扇之上部,而 S 则往往在右扇下部见到白衣人形的幻觉,而人形何如,则受暗示者彼此所描写的又各不同。从此可知受暗示者的观念并非从施暗示者传来的。

他暗示之即为自暗示,还有一个理由。暗示如须生效,受暗示者入手就要有愿受暗示的决心,如果他不愿意,或者暗示的观念和他的人格十分冲突,则暗示永不成功。夏柯有一次在公众演讲中将一妇人催眠,她受夏柯的暗示,做出种种离奇举动。比如告诉她说门边站着一个人在侮辱她,给她一把纸刀,她怒气冲天似的走到那子虚乌有的仇人身旁,把他的头斩落。夏柯下课走后,他的学生们要开玩笑,给那位受催眠的妇人一个暗示说:"现在房子里只有你一个人了,把衣服脱下来罢!"她听了立刻醒过来,以为他们待她无礼,大生其气。这个例子也可证明受催眠者的胸中也自有权衡,不完全是催眠者手中的玩物。

库维的方法　新南锡派学者注重自暗示,故不主张应用催眠。库维尝告诉来请诊的病人说:"你来想找人医好你,你可是走错了路。我向来没有医好过人,我只是教人如何自己医好自己。我已经教过许多人医好自己了,我现在也只是教你自医的方法。我现在所要做的试验是常常成功的,纵然有时看来像是失败。我向来没有说过我的思想可以在你的身上实现,我只说各个人的思想都可以在他自己身上实现,所以如果我叫你想'我这相握着的两只手不能扯开来',而你偏却又想'我能够扯开来',你一定就能够把它们扯开来。"库维每逢第一次来学自暗示的人总是用命令的语气向他说:"你把两只手紧相握住,心中时时想着'我不能把它们扯开。'我现在要数一二三,数到三的时候,你须极力扯开握紧的两只手,但是同时心中仍旧想着'我不能,我不能'。你会觉得你就是下死劲也不能扯开它们。"说完,他就依法实行,受暗示的人总是发见想象扯不开时就不能扯开,但是如果他想象"我能扯开",两只手立即扯开,丝毫不用费力。这个试验的用意在使受诊者明了自暗示的根本原理:这就是,动作起于想象,不起于意志。行过这番开学典礼以后,库维就叫他们应用"在种种方面我都一天好似一天"和"这病渐渐消去了"两种自暗示的公式。

鲍都文的方法　鲍都文向病人解释自暗示的方法较库维的方法更有趣,但比较复杂。他所用的叫做"薛佛尔氏悬锤"(Chevreul's Pendulum)。这种悬锤很像小钓竿,竿头悬一线,线头悬一光亮沉重的小球。使行

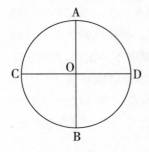

此法时先在白纸上画一圆,在圆心 O 上作两条直径垂直相交如左图。次令学自暗示者用手持悬锤竿,使锤恰在圆心 O 之上,告诉他说:"你手莫要动,心里想着 AB 线,专心致志的由 A 点想到 B 点。"学自暗示者想 AB 线时,悬锤即不由人意的朝 AB 的方向摆动。但是如果他改想 CD 线,手仍然不要动,悬锤也改朝 CD 的方向摆动。这个试验的用意在使学自暗示者明了想象影响动作的能力比意志还要大,所谓自暗示就是利用想象来影响动作。

自暗示的效验　旧南锡派学者发见能受暗示的人在百分之九十以上,库维发见能受自暗示的在百分之九十七以上。这就是说,一百人中不能自暗示的人最多不过三个。库维用自暗示治病,尝奏很奇的功效。现举数例以示自暗示应用之广。

南锡 Y 君曾患神经衰弱症,消化不良,夜不安眠,尝惧怕自杀,经过许多医生,都不见功效,后来就医于库维实行自暗示,六礼拜后病即全愈。

一个三十岁妇人患肺病已到第三期。库维使她实行自暗示,数月后肺病就完全消去。

G 教授患瘖症,每逢说话到十几分钟以后,喉音就断绝了。他请过许多医生诊治无效,库维使他行自暗示,过四天病就全愈了。

这种例子在库维和鲍都文的著作中极多,看起来很像江湖医生的广告,其实都不是假话。库维到英美演讲,听众中有患风湿症的人学行自暗示,当场就奏奇效,这是许多人所亲眼见过的。

第四章　耶勒

耶勒（Pierre Janet）是现代法国变态心理学界的泰斗。他是夏柯的高足弟子，又在沙白屈哀院行医多年，论理，他似应隶于巴黎派。但是他在《心病治疗学》中说，巴黎派和南锡派以外，法国变态心理学还另有一派，就是他自己和芮谢（C. Richet）、比纳（A. Binet）诸人所代表的。这第三派和其余两派的分别何在呢？约略的说，巴黎派和南锡派的研究对象偏重催眠与暗示，而耶勒派学者则研究一切变态心理现象；巴黎派和南锡派的目的在实际治疗，而耶勒派学者的目的则几纯为心理学的，他们要寻出统辖一切变态心理现象的原则。

迷狂症的实例　耶勒的毕生精力都费在研究迷狂症（hysteria），而他的变态心理学说就根据种种关于迷狂症的事实。

睡行症　迷狂症的症征甚多,耶勒以"睡行"为最普遍。他的医院里曾有一个三十二岁的男子,因为双腿麻木,整天睡在床上。有一天深夜,他忽然很轻便的跳起,抱着枕头开门逃出室外,立刻就爬上屋顶,比平常人还要灵活百倍。他把所抱的枕头看作他的孩子,因为怕他的岳母要残害这孩子,所以抱着他逃上屋顶。但是他醒后双腿依旧麻木,而对于他自己在睡中抱枕头上屋顶一幕戏,也完全忘却。

许多迷狂症都是睡行,虽然依照日常语言说,病人并未尝入睡。耶勒所诊治的艾令(Inère)是一个名例。艾令是一个极穷的孤女,母亲患肺病,她一人看护到六十昼夜。看护以外,她还要做工谋衣食,因此她疲劳过度,精神失常。她的母亲死了,她还想象她仍然活着,极力扶着她的尸体移上病床去。以后她时常发狂,每次都是复演她母亲临死时一幕情景。她和想象的母亲对谈,时而问,时而答,好像实有其事一样。最后她仿佛和母亲商议自杀,她决计卧在轨道上让火车碾死,立刻她就想象到车子来了,她伸开手脚卧在地板上,仿佛那是车轨,瞪着眼睛战战兢兢地等着死。不多时,她猛然放声一叫,好像真被车子碾了似的,躺着一点不动。这幕戏她常常复演,但是每次醒后,她便和常人无异,丝毫不记得发狂时的言动。

迷逃症　此外还有一种"迷逃症"(fugue)也很类似"睡行"。耶勒曾医过一个患迷逃症的 R。R 的母亲是患精神病的,他自己也不很健全。在十三岁时他尝去一个水手光顾的酒店。水手们尝劝他吃酒,酒醉时,他们尝告诉他非洲的故事,在醉中 R 听见那些光怪离奇的故事,对于非洲不觉心焉向往。但是醒来他对于非洲的故事也就漠不关怀。他在杂货店里当小伙计,平时只求衣食饱暖,决不会梦想到非洲去。但是每逢醉后或疲倦时,他往往不由自主地离家逃走,想走到海边乘船到非洲去。有一次,他逃上一个船上当苦力,工作既苦而又受虐待,而他却很怡然自乐,以为可以到非洲去,不幸该船中途停止,他须得打陆路走到地中海。贫不能自给时,他依附了一个补碗匠。有一天逢八月十五日,他的师傅告诉他说:"今天是八月十五日,我们应该吃一餐较好的饭呀。"他回答说:"不错呀,八月十五日是圣母节!"说完这句话,他忽然醒过来,张目四顾,所见的不是他从前朝夕所看守的杂货店,大为惊讶。补碗匠费尽气力解释他的地位,他毫不相信。像这种病症,耶勒举例甚多。

两重人格　与"迷逃"相类的毛病有"两重人格"(double personality)。"两重人格"例甚多。詹姆斯所举的 Ansel Bourone,普林斯所举的 Beauchamp,以及莎笛斯所举的 Hanna,都是名例。现在我们姑且拿 Felida X 例来说明。Felida X 从十岁起,便露种种迷狂病征,因此她很颓丧而又怯懦畏葸,她时常发昏,昏过去几分钟就醒过来,醒后她便另是一个人,很活泼伶俐,很兴高采烈,像一个很康健的女子。但是这种康健时期很短,几点钟以后她又发昏,昏醒了又回到颓丧的状况。所以她有两重人格,一个是颓丧的,一个是快活的,在康健的状况中她记得颓丧的状况,可是在颓废的状况中她不能记起康健的状况。

诸迷狂症的公同原理:固定观念　耶勒分析上述的几种迷狂病征,以为它们背面都有一个同样的原理。常态和变态交互代替。在变态中,病人呈现两种相矛盾的心理状况。第一,他心中完全为一种"固定观念"(fixed idea)所盘踞,例如把枕头看作孩子,把地板当作车轨。第二,在此"固定观念"以外,他对于一切记忆一切感觉都完全遗忘过去。例如艾令发狂时对于室中人物熟视无睹。在常态中病人也呈现两种相矛盾的心理状况。第一,他恢复日常的记忆和感觉。第二,他把变态中的言动都完全忘记。

遗忘 一言以蔽之,患迷狂症者一方面过度专注,而另一方面又过度遗忘,故应付环境,往往倒行逆施。遗忘并不仅限于病态中的情景,而致病的原由和病前的情感知觉也往往不能追忆。艾令在常态中不仅忘记她发狂时的举动,而她的母亲病中情景也变成依稀隐约了。她说:"母亲自然是死了,因为人家都是这样告诉我,我现在见不着她,而且又穿着孝服。但是她为什么死呢?我待她不是很好吗?"医生提起她看护病母时的情景,她也简直莫明其妙似的。耶勒又尝诊过一个十九岁的女子。她在发狂中尝叫"火呵!贼呵!路删来救我!"醒来医生问她的病由,她说平生既没有遭过火,又没有遇过贼,而路删的名字更漠不相识,但是后来据她的亲属报告,她从前在乡下当女仆,夜间有贼人放火烧她主人的房屋行劫,她被一位名叫路删的救出。那次她受了惊,以后便得了迷狂症。从这个例子看,我们可以见出患迷狂症的人一方面遗忘致病的情景,而另一方面这致病的情景又在心中成了"固定观念"。

分裂作用 这种"遗忘",心理学上如何解释呢?耶勒派和弗洛伊德派都着重这"遗忘"问题而解释不同。弗洛伊德以压抑作用(repression)解释,后当详论,耶勒则以分裂作用(dissociation)解释。

什么叫做"分裂作用"呢?

法国心理学者素重感觉主义(sensationism),把完整的心理看成由无数感觉砌成的。耶勒也未能脱除这种成见。依他说,吾人的一切经验都在心中留有观念(idea)。比如走路有走路的观念,吾人能记得这个观念,所以能走路;倘若把它遗忘了,双腿便会麻木。其他一切行动,以此类推。吾人心中所有观念甚多,何以不能同时见诸动作呢?因为在健全心理中,诸繁复观念综合成为完整系统,其中各部分须受全体支配。我心中储有"走路"的观念,而此时却在这里用心作文,因为"走路"的观念与我此时用心作文的心理系统不能相容。变态心理之发生，即由于全体心理系统"分裂"开来，而某一观念脱离全体系统而独立，不受其他观念节制，也不能节制其他观念。比如说，我心中"走路"观念分裂独立时，心中就有两种意识，一为在常态中的全体心理系统，即主意识，一为独立的"走路"观念，即潜意识或副意识（subconscious, or secondary consciousness）。这两种意识既分裂，以后便如参商二星，出没不相见。我在常态中记起全体心理系统，便忘却"走路"观念，所以双腿麻木；在变态中，只记得"走路"，忘却全体心理系统，所以对于一切都不免措置颠倒。

精神病不是生理的：例 耶勒以为一切迷狂症都可以用分裂作用解释。从前医生把许多精神病由都看作生理的。耶勒对于变态心理学最大的贡献就在证明从前医生所认为生理上的毛病其实都是心理上的毛病，都是分裂作用的结果。在上面我们已见过双足麻木的人在睡行症中可以走上屋顶，这是一个显证。我们现在再引几个耶勒所举的例来说明许多病症如癫痫、麻木、聋哑等等其实都不是生理病而是心理病。

一个十九岁的女子看护她的病危的父亲。他临死之前，她曾用右手支持他的气息奄奄的病体。他死了以后，她觉得异常疲倦，她的右半身便逐渐失去了运动和知觉的能力，成了半身不遂。

一个洗机器的男子在工作时被油布溅污了面孔。他用水去洗，但是睫上油污很不容易洗去。他的眼睛并没有污损，可是两点钟以后，他变成青光瞎，过了四年这病才全愈。

一个四十岁的男子居在一个小乡镇上，颇有一点资财。他的妇人劝他移居巴黎，他们住在巴黎旅馆里。有一天他自外回寓，发见他的妇人已卷款潜逃了。他精神上受了大刺激，歇十八个月不能说话。后来他虽恢复原状，每逢情感发动或疲倦时，仍然不能说话。

　　许多人尝于无意中发出种种奇怪的动作。有些人移动下颚，有些人嚼手指，有些人尝用鼻孔大声喘气，这种动作往往颇有规律，在旁人看来很近于诙谐。耶勒诊过一个十六岁的女孩子。她的家庭极穷，有一天听见她的父母叹苦，她很受感动，因而得了迷狂症。在病中她尝叫"我须做工，我须做工!"她的职业是做傀儡眼。做这件东西时，她须用右手转机器的轮子，用右脚踏机器的踏板。自从得病后，她便常常翻转右腕，将右足时时提起放下，放下又提起，仿佛像她从前做傀儡眼睛一样。

　　据耶勒说，这些病症都和睡行症同理。某一观念因分裂作用而脱离意识全体，其结果或为遗忘过度，于是有盲哑半身不遂等症；或为专注过度，于是发出种种奇怪动作或姿势，如上例做傀儡眼睛的女孩子。

　　分裂作用的原因　精神病多起于分裂作用，既如上述。现在我们须问：意识何以会起分裂作用呢？

　　综合作用的失败　耶勒说，意识的分裂作用起于综合作用之失败。意识经验尝极纷纭错杂，起伏无常，其所以翕然就绪形成完整人格者，实赖有综合作用（synthesization），所谓综合作用者就是拿自我做枢纽，将零乱的心理事实，贯串成一气。比如说，"我觉寒"一个意识经验就是综合作用的结果，其中"觉寒"是一件事，而"我觉寒"又另是一件事。"觉寒"二字所代表者是一件新发生的、很细微的心理事实，"我"字所代表者则为完整人格，其中内容极繁复，举凡我之思想情感习惯及过去经验等等无不包罗在内。在言"我觉寒"时，其意即谓完整人格（我）吸收此新发生的一件细微的心理事实（觉寒）以扩大其内容。耶勒说，"我"是一种很饕餮的生物，好比阿米巴，尝伸出触觉吸收四围微生物以自肥。

综合作用失败，分裂作用乃因之而起。变态心理好比政治紊乱的国家，握最高权的元首倒塌后，许多强藩都割据偏安起来了。有综合作用乃有完整健全的人格，无综合作用，人格乃分裂为二重或多重。在多重人格中，此重人格上台，则彼重人格退避，彼此不相见所以不相识，不相识所以不能互相影响，互相节制。例如耶勒所诊治的 R，开杂货店时想不到来游非洲，去游非洲时也记不起曾开过杂货店。

意识范围的缩小　意识分裂即意识范围之缩小（restriction of consciousness）。健全的人所有一切观念都翕然安于同一意识范围之内（即受同一自我管辖），所以意识范围很大。意识范围兼容并包，每一言一动都受完整人格的控制，所以是有理性的。分裂后的意识好比大家细分的财产，每重人格所有的范围都比原来的缩小。患精神病的女仆幻想自己是皇后，就因为她心中的"皇后"一个观念分立开来，独占一个很狭小的意识范围，不受"女仆"经验中诸观念之控制或纠正。

心理的水平线之降低　意识的综合作用何以会失败呢？耶勒说，综合作用须赖有一种"心力"（psychical energy）维持。在常态心理中，心力很充足，心理上尝呈一种紧张状况（tension），维持一种适当高度的水平线，所以精神是凝聚的。"精神凝聚"，换句话说，就是意识保持综合作用。在变态心理中，心力疲竭（exhaustion），所以精神是涣散的。"精神涣散"，换句话说，就是意识呈现分裂现象。用耶勒的术语说，分裂作用起于"心理的水平线之低降"（lowering of mental level）。

心力的消耗　心理的水平线何以会低降呢？换句话说，心力何以疲竭呢？据耶勒说，一切行动都须使用心力。何种反应最费心力，最易产生疲竭，心理学家尚未有充分的研究，所以"心理上的花费"(mental expenditure)还是一笔待清理的账目。概略的说,凡适应一种环境时,如诸事顺遂,则心力不至有过度花费,如环境过于困难,非我们的力量所能胜任,则不免张皇失措,而心力亦不免浪费。最浪费心力的是情感(emotions)。情感之发生,就由于身临一种特殊环境,霎时间不能从容应付,心力无所归宿的泛滥横流,精神乃呈兴奋状态。精神病之发生,所以往往在受强烈刺激、生暴烈情感之后。

受伤记忆 最浪费心力的心理作用除着情感以外,还有"受伤记忆"(traumatic memories)。"受伤记忆"是耶勒派学说和弗洛伊德派学说的接触点,也是他们争论的焦点。耶勒说,"心理分析术"全是由他的"受伤记忆"一个概念产生出来的,所以我们对此问题应详加讨论。

"受伤记忆"耶勒在他的早年著作中称为"潜意识的固定观念"(subconscious fixed ideas),颇类似弗洛伊德所谓"被压抑的欲望"。它是如何发生的呢? 这个问题其实还是上文所讨论过的"分裂作用如何发生"一个问题。耶勒和弗洛伊德都从这个问题出发,不过他们对于分裂作用的原因解释不同。弗洛伊德以为分裂作用起于意识的压抑,其说另详专章。耶勒以为分裂作用起于心理水平线之低降或心力之疲竭,其说亦已详上文。"受伤记忆"是心力疲竭的结果,同时又是心力疲竭的原因。这话怎样解释呢?

环境困难,应付不得其方,心力既虚费,而困难未解决。困难未解决的环境仍时时刻刻催促我们谋应付,应付的方法不外三种:

(一)将已尝试而经失败的动作,再从新尝试一遍。

(二)将已尝试而未成功的动作略加改变,这就是采另一种动作。

(三)痛痛快快的摆脱那种环境,简直不再设法去应付。

耶勒以为第三条路须大勇者才有力量去走。一般精神衰弱的人进既不能，退亦不敢，所以谈不到摆脱。第二条路也颇费气力，许多精神衰弱的人大半也是避开。所以剩余的路只有第一条。不适当的动作第一次尝试失败，第二次尝试自然也还是失败。失败之后又失败，对于心力就是浪费之后又浪费，最后自然是精疲力竭。耶勒曾举这样的一个例："我刚接了一封惹痛感的信，不得不回复，而回复却是一件痛苦的事。我想写回信而又没有勇气去写。信摆在桌上，终于没有回复。后来我每逢走进这间屋子或坐在这个桌子旁边，必看到这封信，每看到这封信，必又盘算作复。如果要作复，费十分钟也就够了。但是我只能继续的空打盘算，空费许多心力，结果信未复而心力则已疲竭。"

我们再取一个简单的比喻来说，患精神病的人好比扑灯的蛾子，无论是如何失败，总是依旧向火光乱扑。这种屡经失败的动作到最后成为习惯动作，不假思索而自动，不复受意识裁制，不复与其他日常行为相融贯，不复能同化为完整人格。总而言之，它成为一种潜意识的动作。所谓"受伤记忆"就是支配潜意识动作的固定观念。患"受伤记忆"的病人对于他的潜意识动作不能意识到，所以在常态中不能记忆到。睡行、迷逃、多重人格等症都是"受伤记忆"的产品。

耶勒和弗洛伊德　观此我们可知耶勒的"受伤记忆"与弗洛伊德的"被压抑的欲望"有一个重要的相同点。它们同是脱离意识而独立的，同是意识分裂的结果，同是精神病的原因。但是它们决不能混为一物，它们有两个最重要的异点：

（一）论成因，弗洛伊德的根本原理是"压抑"（repression），耶勒的根本原理是"疲竭"（exhaustion）。

（二）论内容，弗洛伊德的"被压抑的欲望"几全关性欲，而耶勒则力反对此说，他以为任何观念都可以形成潜意识。弗洛伊德的隐意识以情感为中心，耶勒的潜意识，以固定观念为中心。

精神病的治疗　精神病起于心力之疲竭,故治疗法须对于疲竭以预防及救济。耶勒应用经济学原理于心理学,很喜欢用经济学上的术语。适应环境须耗费心力,心力疲竭即"精神破产"。救济破产须根据两条经济学上的原理,第一是"心的节流"(mental economy),第二是"心的裕源"(mental income)。

心的节流:休息治疗　兹先讲"心的节流"。节流的方法甚多,最普通的是休息治疗(rest cure)。提倡休息治疗最力的人为美医密琪尔(Weir Michell,1875)。此法很简单。病人卧在床上,极力停止一切动作,使心力不致多消耗,久之病自然痊愈。行休息治疗的,病人的生活愈简单愈妙。名誉、事业、恋爱、宗教等等缠绕须一齐抛开。他的环境也以单调为是。通常病人亲属每希望病人尝有新奇娱乐。耶勒以为新奇娱乐对于病人不但无益而且有害,因为新奇刺激易使心力过度耗费。

隔绝治疗　与休息治疗同理的是"隔绝治疗"(isolation)。精神病之起尝由于病人对于他的环境不能妥洽,他不能应付它而又不得不设法应付它,所以易耗心力。比如和不愿意来往的人来往,做不愿意做的事,都很耗费精神。"隔绝治疗"就是把病人从致病的环境里迁到另一种合宜的环境里去。就一种意义言,精神病也可传染。耶勒见过许多结婚的夫妇,在结婚以前只有一人患精神病,结婚以后,两人都患精神病。这全由于和病人相处,是一种困难情境,易于耗费心力。"隔绝治疗"也可以免去这种传染。

清账　还有一种心的节流方法,耶勒称之为"清账"(liquidation)。所谓"清账"就是把成了潜意识的"受伤记忆"召回到意识界来,使病人对于从前致病的环境从新加一番清理,使他明了他的受潜意识支配的动作不能适应该环境,而从新作一个全盘计算,另寻一个出路。"受伤记忆"重入意识关以后,病人不复复演劳而无功的动作以致消耗精力，所以容易痊愈。这种"清账"治疗很类似弗洛伊德的"心理分析"治疗法。

心的裕源　在心理的经济学上，节流很是一种消极的治疗法。为增加效力起见，我们还要设法扩大心力的来源。精神病起于心力疲竭，倘若在疲竭之后，再灌输些新的心力，则精神病也往往可以消灭。许多精神病人在吃醉酒时尝恢复健康心理，就因为酒富于刺激性，易使心力兴奋。在迷信神权的社会里，病人尝去神庙"宿坛"、"求仙丹"，往往果然痊愈。他们以为这是神的默佑，其实这全是心理作用，一半由于自暗示，一半由于心力因受刺激而增加。中国有一种习惯，遇患病的青年往往让他们早结婚，说是"冲喜"，有时这种方法居然奏效，也因为性欲是最富的心力来源，能够弥补已疲竭的心力。

激动后备力　在耶勒的《心病治疗学》中最重要的心的裕源法为"激动"(excitation)。"激动"的最要原理是"后备力的动员"(the mobilization of reserves)。吾人心力易疲竭，而可疲竭的心力则不为所有的心力全体。许多人在平时很懦弱畏葸，但遇大难临头时，其勇敢坚决，往往出人意料。懦夫遇虎，敢越深涧；慈母护儿，不避汤火。这都是在急难时发动"后备力"来应用。这种"后备力"究竟储蓄在什么地方呢？耶勒说，各种本能，各种行动，各种习惯，都带有一发即动的倾向，而每种倾向都含有潜在的心力，所以倾向就是"后备力"的储蓄所。"后备力"的多寡随倾向的强弱为转移。逃难、寻食、求侣、攻敌诸倾向为人类生存所最需要的，所以它们所储蓄的"后备力"也最丰富。患精神病的人们心力特别易于疲竭，大半就因为无法利用潜在的"后备力"。医生所以宜设法施以适宜的刺激，使他的"后备力"能脱颖而出。刺激方法甚多，耶勒在他的《心病治疗学》中提出宗教仪式、旅行、休假、劳苦工作、冒险、丁忧、恋爱等等。

耶勒学说的批评 耶勒为现代法国心理学界的泰斗,不独英美学者多受他的影响,即心理分析派学者如弗洛伊德等也有应感谢他的地方。耶勒自己说他的"受伤记忆"说为后来心理分析的雏形。这固然是心理分析派学者所否认的,但是弗洛伊德早年游巴黎,受学于夏柯,和耶勒是先后同门。他在巴黎时,耶勒的著作已起始享盛名,他自然不免受些影响。

耶勒在巴黎精神病院行医数十年,经验极为丰富,所以他的学说句句都有事实做根据。现在弗洛伊德派学者风靡一世,耶勒的威权不免受了若干剥蚀,但是较稳健的心理学者仍然是皈依耶勒。

耶勒学说的弱点 耶勒的心理学自然也有许多弱点,兹举三个最重要的来说说。

(一)耶勒在早年著作中仍未脱离构造派的窠臼,把心理内容看作由感觉砌成的。这种见解已为新心理学所推翻。在晚年著作中他着重"心力",不复把心看作静止的,总算是想和新思潮合步。但是考其究竟,他的"动的心理学"仍是"静的心理学"之变相。因为据他说,心力潜伏于倾向,而倾向实不过是某刺激生某动作的机械。从这个观点攻击耶勒最力的人要推麦独孤,详见他的《变态心理学大纲》。

(二)耶勒的"固定观念"或"受伤记忆"之说,和南锡派暗示说一样,都假定"念动的活动"(ideo-motor activity)之可能。据"念动的活动"说,我看赛跑时,注意力集中于跑,心中只有"跑"的观念,没有其他冲突的观念,所以"跑"的观念自然而然的实现于动作,我自己也就作起"跑"的姿势来了。这种学说为麦独孤及其他近代心理学者所否认。假若无情感或本能的驱遣,观念自身,决不能一跃而为动作。如果这种批评能成立,则南锡派和巴黎派的心理都有逃不脱的困难。总而言之,耶勒和南锡派学者都还没有逃出唯理派心理学的窠臼。他们想把"观念"来解释一切,遇到动作、本能、情感诸问题,总不免有隔靴搔痒之弊。

(三)耶勒的两条心病治疗的原理自相矛盾。从"心的节流"说,精神病生于心力疲竭,而心力疲竭则由于过度消耗,所以治疗法须注重休息,减少刺激。而从"心的裕源"说,他又主张医生应刺激潜在的"后备力"使之发泄,这两个原理如何能并行不悖,耶勒似未曾计及。

第五章 弗洛伊德（上篇）

人类思想在各科学问方面都有历史的连续性，弗洛伊德的学说固然带有很浓厚的革命的色彩，但也不能逃此公例。一方面他是叔本华、尼采、哈特曼一线相传的哲学之承继者，而另一方面他又曾就学于夏柯和般含，与法国派心理学者也有很深的因缘。

在前几章讲法国派变态心理学说时，我们已经见过夏柯耶勒诸人治学都是从精神病入手，尤其是迷狂症。弗洛伊德的学说也是建筑在迷狂症的事实上面。

勒洛尔的"谈疗"　一八八六年，弗洛伊德从巴黎游学回维也纳，遇名医勒洛尔（Breuer），藉闻他所诊治的一个很值得研究的迷狂症，患这种病的女子右肘麻木，不能饮水，有时不能言语，眼球运动也失常态。这些病征都是在看护她的病危的父亲时得的。勒洛尔施用催眠疗治，不见功效。她在病中尝喃喃呓语，勃洛尔把这种呓语记下，将她再催眠，叫她把呓语中的字句复述无数次，并且把那时候的心中幻想一齐说出。这种幻想大半都是很苦酸的，都是使她生病的悲恸的记忆。她每次把这种幻想说出来以后，醒来便复常态。比如她不能饮水一症，就完全是用这个方法医好的。她记得从前最恨她的保姆。有一天她看见她保姆的狗在杯中饮水，她登时就觉得心中发生一种极强烈的嫌恶，因为怕失敬于保姆，所以没有敢表示出来。这件事时常暗中在她心中作祟，虽然只逢精神涣散时或被催眠时她才在呓语中说出。她在催眠时把这段回忆告诉了勃洛尔以后，心中便觉开畅不少，原来不能饮水，现在饮水则完全如常人一样了。其他各种病征也都是用同样方法治愈。

迷狂症的三特点　勃洛尔称此法为"谈疗"（talking cure），但是它在心理学上如何重要，他自己还不甚明了。弗洛伊德一听见，便觉得其中大有道理，所以跟勃洛尔合作。后来他和勃洛尔意见不同，于是独自去研究。从迷狂症和其他精神病的事实看，他觉得有三点值得特别注意：

（一）病人只是不动声色的把与病症有关的记忆说出还不见效。说的时候，他须兴奋热烈，好像从前当境所有的情绪一齐涌上心头一样，病才能全愈。

（二）病人想把与病症有关的过去经验说出时，尝遇着一种"抵抗"（resistence），许多情节都已忘记，想把它们回想起，常觉异常之难，仿佛心中难言的隐衷不但不可告人，而且也不可告诉自己。

（三）精神病征最普遍的是"退向"（regression），病人的记忆尝回溯到以前生病时的重要关头。这种重要关头大半发生在成年期或婴儿期，而且大半与性欲有关。

快感原则和现实原则　弗洛伊德的学说就建筑在这三点事实的基础上。在他看来，人类心理有两种系统，而每种系统各受一特殊原则支配。第一系统（primary system）形成于婴儿期，支配之者纯为"快感原则"（pleasure principle），第二系统（secondary system）形成于婴儿期以后，支配之者除着"快感原则"以外又有"现实原则"（reality principle）。第一系统心理的特征是绝对自由。婴儿在道德习惯的观念没有发达时，一切行动都是任性纵欲，毫无忌惮。他只知寻求快感，不问所求快感是否与社会生活相冲突，比如看见味美的糖果，他就老实不客气的抓来大嚼。后来年龄渐长大，习俗和教育的影响渐深，他于是发见自然欲望往往与法律道德习惯不相容，发见他自己除着寻求快感以外，同时还要能适应现实，于是知道节制欲望以顾全体面，知道牺牲较近较小的快乐，以求交换得较远较大的幸福。换句话说，他的心理由第一系统变为第二系统，他的行为标准于"快感原则"以外，又加上一个"现实原则"。

性欲本能和自我本能 "快感原则"与"现实原则"自然也有时互相调和，并行不悖。但是它们互相冲突的时候较多，因为"快感原则"以满足自然欲望为归宿，而自然欲望大半是关于性欲的，大半是不道德的。弗洛伊德以为人类本能根本只有两种，其最重要者为性欲本能（sexual instinct），其为用在绵延种族；其次则为自我本能（ego instinct），其为用在保存个体。说笼统一点，性欲本能根据"快感原则"而发展，自我本能根据"现实原则"而发展。性欲本能尝驱遣吾人顺着自然冲动寻求肉体需要的满足。自我本能则驱遣吾人实现"自我理想"（ego ideal）。所谓"自我理想"就是习俗教育的产物，是以"现实原则"为基础的。

性欲的意义：来比多 着重性欲是弗洛伊德心理学的最大特色。他以为自然欲望大半是性欲或是性欲的变相。"性欲"二字在他的心理学中意义甚广，例如孝慈都被看作性欲，虐待弱小虔敬神明都是性欲的变相。一般人以为性欲须到一定年龄才发现，弗洛伊德以为婴儿就有性欲。比如婴儿好吸乳，喜人摸弄，喜裸体，喜探问窥察，都是性欲的表现。性欲不仅与生殖器官有密切关系，身体各部大半都可惹起性欲。性欲有极大力量，常在驱遣吾人而吾人不能抵御。这种性欲后的冲动力，弗洛伊德称之为"来比多"（libido）。

冲突和压抑　因为自然欲望大半关于性欲而为社会所嫉视的，所以"快感原则"尝与"现实原则"相冲突，而人心乃变为欲望和习俗的激战场。抑制欲望以迁就社会自然是一件苦痛的事。不过社会裁制力太强，而保存自我的冲动又不容我轻为欲望牺牲，结果往往是欲望让步。心理状况中于是有所谓"压抑"（repression）。"压抑"是弗洛伊德学说的精髓，我们须得懂透。

观念与情调　被"压抑"者为与现实要求相冲突的欲望。欲望可分析为两个成分，一为观念（idea），一为附丽此观念之"情调"（affect，or feeling-tone）。比如接吻的欲望，一方面含有一个接吻的意象或观念，而另一方面又含有伴着接吻观念的情感。观念是意识所能察觉的，而情调是意识所不能完全察觉的。欲望被压抑时，这两个成分都同时被压抑而结果则不必同。观念被"压抑"就是被排出于意识关，被拘囚于隐意识（the unconscious），而成固定观念（fixed idea）。情调被"压抑"，有时完全消灭，有时变为异质情调，有时附丽在旁一种观念上去。例如作恶梦（anxiety dream）的和患神经病的人，其被压抑的情调在未压抑以前是快感，在压抑以后乃变质而为痛感，虐待弱小动物的人，其情调是由性欲情调经压抑而转移过来的。

情意综　被压抑的欲望通常虽不能关进意识境内，而其活动力则反比在意识境内有增无减，比如婴儿的对于自己母亲发生性爱，后来他知道这种性爱与道德习惯相冲突，勉强把它压抑到隐意识界去。照表面看，他似已把原有念头完全丢开了，其实这念头在暗地里还比从前更热烈。从前它是浮游的，现在却经过固定作用

（fixation）而形成一种"情意综"（complex），"情意综"是欲望的观念和情调在被压抑以后积结而成的。它的种类很多，最重要的是"俄狄浦斯情意综"（Oedipus complex）。俄狄浦斯是古希腊时一个王子，曾于无意中杀父娶母，所谓"俄狄浦斯情意综"就是儿子对于母亲的性爱经过压抑而在隐意识中积结成的。女儿对父亲的性爱被抑以后则成"厄勒克特拉情意综"（Electra complex）。厄勒克特拉是古希腊时一个公主，她的父亲被母亲杀了，她于是怂恿兄弟报父仇，把母亲杀了。情意综是许多精神病的病由。

无意识、潜意识、前意识、隐意识的分别　德文 unbewussten，英文 unconscious 通常译为"无意识"。原来这个字在心理学上有两个意义：（一）暂时不在意识境界的心理构造和机能。（二）通常不能回到意识境界的心理构造和机能。第二义本包括在第一义之中，而却不可与第一义相混。第一义可译为"无意识"，而第二义则译为"隐意识"较为精确。比如反射动作和习惯动作大半是"无意识"作用而非"隐意识"作用，做梦大半是隐意识作用，若称为"无意识"则不免混糊。"无意识"的范围比"隐意识"大。非"隐意识"的"无意识"，弗洛伊德称为"前意识"（preconscious），即通常容易召回的记忆。法国派心理学者所谓"潜意识"或"下意识"（subconscious）则用得很含混。它是"固定观念"所形成的系统，为精神病原所在，所以近于弗洛伊德的"隐意识"，但是它并不一定是不能召回的记忆，例如两重人格的两重记忆尝自由交替现于意识界，所以它又近于弗洛伊德的"前意识"。

意　识
前 意 识 (通常记忆)
隐 意 识 (被压欲望)

弗洛伊德的心理构造观可用左图表示。

意识中的观念自由遗忘而可以意志召回者为前意识，意识中的观念乃勉强压下而不易任意召回者为隐意识。

检察作用　隐意识所以不易召回于意识界者，因为意识有一种"检察作用"（censor）。隐意识是欲望的逋逃薮,而意识则为道德法律功利等观念所支配。隐意识根据"快感原则"而活动,意识则根据"现实原则"而活动。它们好像处对敌地位,一在门里,一在门外。门外的隐意识时常觊觎机会,图破门而入;而门内的意识则施行其检察作用,时时把门守住,不让被压抑的不道德的观念闯进来,以扰乱意境安宁。

梦的隐义和显相 在心理健全时,意识的检察作用尝比"来比多"的力量大,所以隐意识只好困守在自家园地以内活动。但是在睡眠中,意识的检察作用疏懈,隐意识闯入意域,结果于是生梦。从前一般心理学者大半以为梦纯是机会造成的幻觉。弗洛伊德在他的最重要的大著《梦的解释》(The Interpretation of Dreams)中根本推翻此说。在他看,"心理界和物理界一样,无所谓机会",梦也不是偶然的;它实在都是欲望的满足(wish-fulfilment)。绝粮的探险家尝梦赴宴,晚餐食盐分过多的食品者尝梦饮清凉散,婴儿日间在衣铺里走过,夜间便梦穿华丽的衣服,这都是欲望满足的明证。但是非难者会插嘴问道:"我们许多的梦是很凶恶的。据韦德(Sarah Weed)和海兰(Florence Hallam)的研究,梦有百分之五十八是带有痛感成分的,而真正甜蜜的梦只有百分之二十八有余,我们何以能说梦都是欲望满足呢?"

弗洛伊德说,这种攻击的理由是不能成立的。我们醒时所记得的梦并非梦的真相,乃是梦的假面具。"梦的隐义"(latent dream thoughts)与"梦的显相"(manifest dream content)须分别清楚,"隐义"是假面具所掩盖的欲望,"显相"是假面具。作梦好比制谜;显相是谜面,隐义是谜底,显相虽是离奇零乱,而隐义则有因果线索可寻。要明了梦的象征(symbolism),最好取一实例来说明。某著名美术家姿容很美,而为人也很和蔼可亲,所以许多妇女都爱他。他的十六岁的儿子有一次作这样的一个梦:"房子里有许多孔,父亲要把它们一齐塞起,我实在很替他担忧。"心理分析者问:"你何以要替他担忧呢?"他答道:"父亲想一个人去塞,其实我很可以帮忙。而且以他那样大美术家来干这塞壁孔的事也不很适宜。"据心理分析者的研究,这个梦完全是性欲满足的象征。他看见父亲专享许多妇人的爱,心中不免妒忌,墙孔是雌性的象征,妒父亲的艳福是梦的"隐义",忧父亲独塞墙孔是梦的"显相"。弗洛伊德以为欲望大半与性欲有关,所以他把许多梦中意象都看作生殖器的符号,例如数目中的三及杖、伞、树、刀、枪等等长形物都是雄性生殖器的象征,房屋、瓶、船、橱以及一切空洞可容物的东西都是雌性的象征,飞行、种植、上楼梯种种动作是交媾的象征。

象征的必要 梦何以要化装,要用象征呢? 象征的用意在逃免意识的检察作用,意识检察在睡眠中虽较疏懈,然亦非完全失去防范力,若欲望赤裸裸的冲进意阈,它的不道德的意味或能惊醒意识的检察作用,所以须化装。如依此说,则梦为保护睡眠的。睡眠之可能,就由于意识不被惊醒;而意识不被惊醒,则由梦的原有丑态被符号掩住。

梦的工作 化装就是梦的工作(dream work),它有几种步骤:(一)"凝缩"(condensation)。梦中一种符号尝可以代表很繁杂的意义。例如弗洛伊德自己曾梦写文章讨论一种植物,据分析的结果,"植物"一个观念代表 Gartner(意为园丁)教授及其美妇人,又代表他所诊治的病人名叫 Flora(花)者,又代表他的妻子所爱的花。(二)"换价"(displacement of value)。在"隐义"中最重要的关键在"显相"中尝极微细;在"隐义"中最微细的在"显相"中尝极重要。要说明这个道理,须得取较长的梦做例,但是我们可取一件日常经验来代替。比如已走出主人家的门了,又跑回去,用意在再看他的女人一面,而藉口则为忘带手杖,拿手杖是一件细事而却代替一个很热烈的念头。梦中的情景往往类此。(三)"表演"(dramatization)。抽象的意义在梦中尝藉很具体的很生动的事实来表演。例如女子梦为马所践踏。其实是代表顺从男子的性的要求。（四）"润饰"（secondary elaboration）。以显相表演隐义，隐义的化装只是一种材料，梦的工作把这材料加以整理措置，使已颠倒错乱者愈加颠倒错乱，以免意识的检察作用来干涉。

日常变态心理　意识的检察作用不仅在梦中疏懈，在白天我们稍不当心时，隐意识中的欲望也尝得机会窜去，其结果为遗忘（forgetting）与错误（errors）种种现象。弗洛伊德在《日常变态心理》一书中说得极详细。

遗忘和错误　我们所遗忘的都是我们所不乐于追忆的。弗洛伊德说他自己对于不出钱的病人大约总是易于忘记。琼斯（E. Jones）抽烟过度时，尝记不起把烟斗放在什么地方，过几天后，它总是在很偏僻的地方寻出，这也是隐意识在无形中阻止他抽烟过度。医生的隐意识中尝有病人迟愈的希望，所以尝无意的向病人说，"我希望你在几天以内不能起床"（他本来是要说"就能起床"的）。有一位著名的政治家有一夜做主席宣布开会，他站起来就说，"我宣布闭会"，这是因为他疲倦过度，隐意识中有"闭会"的希望。一位男主顾请店伙指他到某货物部的路，那位店伙正在注意看一个很标致的女子，匆忙的回转头答道："打这条路去，太太！"他的隐意识中有和那位"太太"说话的希望。有一位女子新结婚，接到一位女友的贺信，收尾说"I hope you are well and unhappy"（"我希望你康健而且不快乐"）。原来这位女友早先是想和她自己的新郎结婚的，所以隐意识中还怀着仇恨。

前定主义　从以上诸例看，我们可知一般所谓"无心之失"，其实都是有心之失，通常所谓"偶然"的，其实都是前定的。弗洛伊德是一个主张极端前定主义（determinism）的，以为心理上每有一果必有一因，没有一件事是偶然的。比如我们无意中想一个数目，在无数的数目中独择此数目，也有一个道理。弗洛伊德有一次写信给朋友说："《梦的解释》已经校勘，就有 2467 个错误，我也不去改了。"这里 2467 一个数好像是高兴时信手拈来以表示"许多"一个意义的。但是他何以不择旁的数目而取 2467 呢？据他自己分析的结果，它原是这样的想起的。写信前他曾在报上见到 E. M. 将军退休的消息。他在少年曾有意跟这位将军做事，现在和他的夫人谈起，她回答说："那么，你自己也应该退休了。"在写信时他还在想这段说话，他在 24 岁隶 E. M. 将军部下时因在陆军监狱的情形忽然上心头，这是 2467 中之 24 所由来，后半 67 为 24 与 43 之和。弗洛伊德那年正是 43 岁，他想起 67，因为隐意识中有再过 24 年才退休的希望。弗洛伊德以为一切心理状况和一举一动都是如此"前定"的，只要细心分析，都可寻出线索来。

诙谐　不特遗忘与错误，即诙谐（wit）也可用意识解释。弗洛伊德在《诙谐和隐意识的关系》一书里对于诙谐心理讨论得极有趣味，个个人都欢喜说笑话，都欢喜听笑话。笑话中固然有些是"不虐之谑"（harmless wit），专求在字面取巧博笑，言者并不必存有恶意；可是大部分笑话都是"倾向诙谐"（tendency wit）。什么叫做"倾向诙谐"呢？人们先天都有淫猥的倾向，满足淫猥倾向的诙谐就是倾向诙谐之一种，淫猥的诙谐都是针对异性者而发，其用意则挑动性欲。某富豪垂涎于某女戏角，用尽方法去捧场献媚，她老实的告诉他说，她的心已经给别一个男子了。他回答说："马丹，我的希望并没有那样高！"这个诙谐就带有淫猥的意味。

倾向诙谐的例　人们都有凌辱他人的倾向，满足这样倾向的诙谐也很普通。一位与卢梭同名的少年经朋友介绍见了巴黎一个贵妇，他的头发很红而举止也很笨，她向介绍人说："你介绍给我的并不是一位卢梭（Rousseau）乃是一位"卢"而"梭"（roux et sot，音为卢而梭,意为红而笨)的少年。"这就微含有凌辱之意。美国释奴运动家菲利普斯(W. Phillips)有一次被一位牧师问:"先生不是救济黑奴的么? 何不一直就南美去宣传呢?"菲利普斯回问道:"先生不是救济灵魂的么? 何不一直到地狱里去呢?"

某著名诙谐家向一位同车的客人说:"你的面貌太像我了,你的母亲在我家里住过罢!"那人回答道:"不,我的父亲在你家里住过。"

美国有两个以横财起家的富商,想冒充风雅,开了一个美术馆,把他们自己的画像悬在中间,请著名批评家来鉴赏,批评家仿佛在两像中间空白处有所寻觅似的,回头问道:"耶稣在什么地方去了?"(耶稣上十字架时,旁有两贼同时就刑。)

诙谐何以引起快感　这都是"倾向诙谐"的实例,意含凌辱,所以谑而近于虐。我们对于这种谑而近于虐的隽语何以特别欢喜说欢喜听呢?

心力的节省　依弗洛伊德说,诙谐所生的快感,一言以蔽之,是由于"压抑所需消耗的心力之节省"(economy in the psychic expenditure in repressions)。这话怎样讲呢? 第一,我们须明了快感大半生于心力之节省。比如先用汽油灯,后来改用电灯,最初那几天心中尝觉有一种快感,就因为用煤油灯很费手续,用电灯只须开闭机关。就用力说,电灯是一种节省,凡是隽语都须特别简短,因为简短,心力的消耗才可节省一些。比利时前皇本名 Leopold,因为钟情于巴黎舞女 Cles,就被人给诨号为 Clespold,我们听了这个诙谐的名字,不由自主的发生快感,就是由于心力的节省。

这是只就诙谐的技术(technique)而说。专言技术,诙谐在字面取巧,已足使人生快感。这种快感可称"游戏快感"(play-pleasure)。我们在上面见过,诙谐本起于自然倾向,倾向能实现,应该于游戏快感以外,又加上一层快感,但是自然倾向大半是与社会需要相冲突的，所以大半不能直接实现。比如我们生而有凌辱敌人的倾向，可是真正碰到敌人时，自然倾向虽是要凌辱，而同时礼貌的观念则从旁告诉我这种凌辱未免有伤大雅。结果自然的冲动不得不受压抑。这种压抑的维持须得消费心力。

在诙谐中我们采用一种取巧的办法。将凌辱所用的言语或动作出之以诙谐，使一方面能满足自然倾向，而另一方面又避免自然倾向所引起的压抑，不至贻失礼之讥。换句话说，诙谐是在笑里藏刀，刀所以泄忿，而笑则所以欺瞒社会。所以诙谐所生的快感是双料的，一方面它自身可以文字的巧妙产生上文所谓"游戏快感"，而另一方面它又有满足自然倾向所得的快感。

但是诙谐中快感之最大本源还别有所在。自然倾向原来被压抑作用止住，而压抑须费心力，在诙谐中压抑为"游戏快感"所战胜，于是退处于无形，而原来压抑所用心力也完全可以节省去。这种心力的节省就是诙谐的快感之最大源泉。弗洛伊德称此种快感为"免除快感"（removal-pleasure），因为它是从免除压抑所得来的。

笑 压抑免除，被节省的心力乃得自由涣散发泄，其结果为笑，发诙谐者自己大半不笑，而笑的都是闻者。这是什么缘故呢？依弗洛伊德说，发诙谐者须费力免除压抑，而闻者则不但节省"压抑"所费的心力，还可以节省"免除压抑"所费的心力，所以瞬息间有很多的心力爆发出来，见于狂笑。发诙谐者和闻者的心力发泄不同，还可以用一比喻来说，发诙谐者其心力发泄好比钟的弹簧是逐渐展开来的，所以只发丁当丁当的声响；闻者的心力之发泄好比弹炮机经过触动，来势甚猛，所以轰然一声的爆裂出来。

文艺与升华作用 与梦和诙谐相近的为文艺，也是隐意识的产品。"来比多"的潜力不一定要生灾作祟，也可以开导到有益的途径上去，好比停蓄的水，"决诸东方则东流，决诸西方则西流"，例如嗜好美容的人可以练成图画家或雕刻家,不一定要去宿娼捧角。"来比多"的潜力所以停蓄,是因为它所走的道路与法律道德习俗相冲突。但是此外也还有别路可走,如果一方面能发泄潜力而另一方面又可满足社会的要求,那不是一举两得吗? 文艺就是这样的一条新路。许多大艺术家都是在无形中受"来比多"的潜力驱遣。本来这种潜力是鼓动低等欲望(大半是性欲)的,而现在却移来鼓动高尚情绪,这种作用弗洛伊德称之为"升华"(sublimation)。"升华"作用把隐意识引导到文艺上去发泄,好比把横行的劫盗训练为有纪律的军队。

缺陷的弥补 凡是文艺都是一种"弥补"(compensation),实际生活上有缺陷,于是在想象中求弥补。各时代、各民族、各作者的所感缺陷不同,所以弥补所取的方法和形式也不一致,最早的文艺要算神话(myths),而神话就是民族的梦,就是全社会的公同欲望之表现。在原始时代,人类尝为毒蛇猛兽所苦,所以希腊神话中有气力无比的海格立斯,遇任何怪物,他都能战胜。许多民族的神话上的英雄都是有母无父,姜嫄履大人迹而生周太公,孔子之母祷于尼丘而生孔子,这是中国的著例。在弗洛伊德派学者看,这都是由于原始人类的"俄狄浦斯情意综",大家都暗地和自己的母亲发生性爱,所以把父亲推到"无何有之乡"里去。近代文学中性欲的象征尤其显然。莎士比亚失恋于玛利·菲东(Mary Fitton)于是创出莪菲丽雅(Opehlia)一个角色;屠格涅夫迷恋一个很庸俗的歌女,在他的小说中创出许多恋爱革命家的有理想有热情的女子。诸如此例,作者都是超脱现实的缺陷而自造一种幻想世界以求安慰情感。

第六章　弗洛伊德(下篇)

神经病和精神病　弗洛伊德的隐意识说应用极广,但是他的主要目的在治疗心理病。心理病有两大类,第一类为神经病(neu-roses),其病征与生理有连带的关系;第二类为精神病(psychoses),其病征完全是心理的。如依弗洛伊德这两大类又可分类如下页表。

弗洛伊德对于这些病症都曾致力研究,不过他的毕生精力大半费在精神神经病方面,而他的学说亦由此出发。(在这一点说,他很像耶勒,因为耶勒也是从迷狂症入手研究变态心理的。)所以我们在本文只介绍他对于迷狂症的贡献,而对于其他各种病症姑略而不论。

精神衰瘘症的成因　精神神经病亦称精神衰瘘症(psychasthenia),

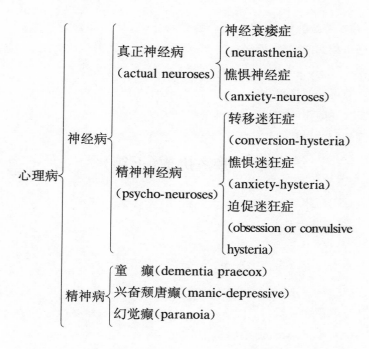

这类所包含的各种迷狂症，病由都在"来比多"与自我理想冲突而不得解决，其演化次第可分三步：

（一）婴儿时期"来比多"之固结（infantile fixation of the libido）。婴儿生下来就有性的冲动。他的最初的性爱对象为己体，次为父母兄弟姐妹，最后才为非亲属的异性。自淫、同性爱、亲属爱种种性的"反常"（perversion）都是儿童的自然冲动所酿成的。这些"反常"不为社会所容许，于是被压抑到隐意识里去成情意综。最普通的情意综是"俄狄浦斯情意综"，即子对于母的性爱，隐意识好比冲积层，"俄狄浦斯情意综"是隐意识的基层。

（二）压抑（regression）。成人时期性欲发展已成熟，如环境适宜，性的生活依着常轨进行，没有违反自然要求，也没有破坏道德习惯,则精神必能健全,但是处特殊情境之下,性的冲动或不能和自我理想相调剂,例如性爱对象为亲属,或发生道德法律所不容许的婚姻关系,其结果于是有压抑作用。

(三)退向或还原(regression)。但是性欲冲动尝不甘受压抑,于是设法寻间接的满足,上述梦及升华作用都是性欲寻求间接满足的著例。"退向"就是成人时期的被压抑的"来比多"潜力"退向"而归附婴儿时期的固结(fixations),就是以婴儿应付性的需要的方法,来解决成年时期的性欲难题。婴儿应付性的需要的方法自然为成人意识所不容,于是走纡回的道路,不让自我看破它的真面孔,其结果乃有种种迷狂病症(symptoms)。

一言以蔽之,迷狂症都是性欲病,其为用与梦无异,病征好比梦的显相,是一种假面具,背面藏有不甚喜欢的性欲经验。这个道理最好取各种迷狂病征来说明。

转移迷狂症 精神神经病最普通的是"转移迷狂症"。所谓"转移"(conversion)就是把淤积的"来比多"潜力转移到身体某器官上去以酿成器官机能的残废。一位开帽店的妇人在幼时经过许多性欲上的感伤,酿成不肯接近男子的毛病。但是她的丈夫尝看见她在梦中手淫,醒后告诉她,她每不相信。他于是和店中女仆发生暧昧关系。旁人劝她辞退那女仆,她心中虽存妒忌,而却不肯将女仆辞退,一则因为不肯相信丈夫对她不忠实,一则因为不忍使那个穷无所依的女仆失业。有一天她的丈夫为别的事相争,丈夫握住她的右肘,以后她的右肘就由痛而变为麻木。右肘麻木是她的迷狂症中一个最显著的病征。依弗洛伊德说,这个病征是两重性的冲突之结果,第一,她的潜意识的手淫的冲动和羞恶之心相冲突,第二,她妒忌女仆的潜意识和对于丈夫的信仰相冲突,这两重冲突不得适当解决,性欲的潜力于是"转移"到身体器官上去,致右肘麻木。"右肘麻木"仿佛是一种调和办法,因为一方面她既不复能在梦中手淫，而另一方面她须停止营业，因而可辞退所妒忌的女仆。换句话说，"右肘麻木"一个病征藏有两个关于性的欲望，一个是停止手淫，一个是辞退女仆。

憔惧迷狂症　"憔惧迷狂症"与转移迷狂症成因相似，而病征不同。转移迷狂症的病征由器官机能残废，而憔惧迷狂症的病征则为很奇怪的憔惧（anxiety, or phobia）。有些病人怕见红颜色，有些病人怕独自在街上走路，有些病人怕结婚或是怕遇见异性者，依弗洛伊德看来，这些"憔惧"背后都藏有性的感伤。

迫促迷狂　上例两种迷狂症在女子中最为普通，在男子中最普通的是"迫促迷狂症"，虽然女子患迫促迷狂症者也不乏其人。弗洛伊德称"迫促迷狂症"为"变相的自咎"（transformed self-reproach），患此症者大半在幼时做有亏心的事，现在一方面自咎，而同时又想将它遗忘。这两种心理作用是互相冲突的，既存心自咎就难得遗忘，既存心遗忘就难得自咎，冲突之结果乃为迫促迷狂病征，这个病征是一种调和的办法，病人一方面将亏心事遗忘，而一方面又依旧能自咎，不过这种自咎是变相的，和作梦一样，是带着假面具的。迫促迷狂症在西文中又名 obsession，这字含有"作祟"的意义。患此症者尝为一种荒唐无稽的观念或漫无意义的行动所祟。比如有一种病人尝作洗手姿势（例如莎士比亚的戏剧中麦克白夫人），他自己知道这是很无意义，可是他不能自制，仿佛有一种力量"迫促"他似的。但是这种动作实在并非漫无意义，比如麦克白夫人尝作洗手姿势，其实因自咎她曾怂恿丈夫暗杀国王，洗手所以除去血污。这种迷狂的病根往往伏于幼时，而且大半与性欲有关。有一位已结婚的女子尝为一个锅子的观念所祟，她仿佛觉得如果不把这个锅子移去，她便不能在那屋里居住，原来这个锅子是她的丈夫从维也纳 Stag 街买来的，而她在幼时曾和一位名叫 Stag 的男子发生过现在不愿回想的关系，怕见锅子一个病征有两种功用,一个是暗地自咎往事,一个是要遗忘它。

模棱情感　迫促迷狂症在弗洛伊德心理学中特别重要,因为根据这个病症,他建设一个很重要的学说,这就是"模棱情感"(ambivalence)说。通常学者把爱(love)和憎(hate)看作水火不相容的两种情感。弗洛伊德以为不然,凡是情感都是模棱两可的,爱之中隐寓有憎,憎之中也隐寓有爱。这个道理在迫促迷狂症中最易见出。一个病人患"惧触症"(touching phobia),心中常存怕人触他的观念,原来他在幼时尝好以手触生殖器,后来被父母禁止,知道触是可羞恶的举动,勉强把它戒去,但是这个观念还在隐意识中作祟,所以酿成惧触症。依弗洛伊德说,他对于触有模棱情感,在隐意识中是爱,在意识中是憎,爱者以其可满足幼稚的性欲,憎者以其在社会眼光中迹近淫亵。

弗洛伊德的门徒司徒克尔(Stekel)称模棱感情为"双极"(bipolarity)。"双极"说颇类似哲学上"相反者之同一"(identity of opposites)说(黑格尔言之极详),在心理学上应用极广。在生物中,生活欲与死灭欲是并存的;男性之中寓有女性,女性之中寓有男性;快感之中寓有痛感,痛感之中寓有快感。这都是"双极"的著例。"双极"在语言学中也可见出,在古代语言中往往一个字表示相反的两个意义。在古埃及文中,"光"与"暗"是一个字,在中文中,"乱"字兼含"治"的意义(如"予有乱臣十人"),"反"字兼含"复"的意义(如"居今之世,反古之道"),这都是语言上的"双极"。

图腾与特怖　在《图腾与特怖》(Totem and Taboo)中,弗洛伊德以"特怖"(意谓"族禁")比"迫促迷狂症",以为宗教和道德的起源都可以用模棱情感说来解释,换句话说,他以为研究个人心理所得的原理可推用于群众心理。

在非洲澳洲及南美洲诸未开化民族中,社会大半尚保留图腾制。"图腾"是代表一大部落或宗族的符号，这种符号大半就是该部落或宗族所尊为神圣的鸟兽或其他物件。例如袋鼠图腾即尊袋鼠为神圣，同一图腾的各份子都用袋鼠做符号。"图腾"都有"特怖"，即全图腾所视为不可侵犯的厉禁。最普通的"特怖"有两个：（一）同隶于一图腾者不得互相通婚，（二）各份子不得宰食其图腾所尊奉的动物。犯这条厉禁者往往被图腾处以极刑。

这种制度的起源何在，向来社会学家如 Wundt，Andrew Lang，Frazer，S. Reinach，Spencer 诸人解说各各不同，弗洛伊德以为这两种"特怖"都起源于"俄狄浦斯情意综"，都与"迫促迷狂症"相类似，都可以用模棱情感说来解释。

先说亲属不通婚的"特怖"。野蛮民族所悬之厉禁到现在各文明国家还不敢轻犯。这一点可以证明两件事实。第一，和亲属通婚是人类极强烈的一种欲望，须有厉禁才可禁止，这与婴儿把自己的父或母看成性爱对象同一道理。第二，同时人类对于这个欲望也存有极强烈的嫌恶，其原由在以夺所爱者（例如父）之所爱（例如母）为罪恶，这和婴儿压抑对于亲属的性爱同一道理。一言以蔽之，原始人类和婴儿一样，对于亲属爱的情感是模棱两可的，是爱而憎的。"特怖"就是这种模棱情感的表现。

分食祭肉礼和罪恶意识 视图腾动物为神圣不可侵犯，也由于这种模棱情感。婴儿患迫促迷狂症时常把畏父的念头移到动物身上去。例如畏马常是畏父的符号。原始社会所供奉的图腾动物其实也是代表父亲。子对于父在隐意识中有很强烈的妒忌嫌恶，所以须有厉禁才能阻止杀父动机。图腾社会虽尊其所用为符号的动物，而祭神时又宰此动物以为牺牲。在野蛮社会中祭神时，就是宰杀图腾动物时，也就是全图腾聚餐行乐时。祭神之后，同图腾的即分食祭肉。分食祭肉在各种宗教中都是一件极大典礼。与宴的人一方面既把同族的意识趁这个机会发现得更加明了，一方面又仿佛以为祭肉是神明所享受过的,食之可获神佑。在弗洛伊德看,分食祭肉的意义还不仅如此。牺牲图腾动物是原始人类杀父的象征,分食祭肉是人类第一次庆祝成功的宴会。后来人类自己觉悟到这种举动是一种亏心的事,于是"罪恶意识"(sense of guilt)油然而生。"罪恶意识"是道德良心的萌芽,亦即宗教的初步。人类既对于杀父起"罪恶意识",于是求赎过的方法。第一赎过的方法就是大家相约,尊奉象征父亲的动物为神圣不可侵犯。第二个方法就是相约不占领父亲的妇人。这就是两大"图腾"的"特怖"之起源。弗洛伊德的学说如此撮要申述,其荒唐无稽的色彩不免更加浓厚。但是他有许多事实佐证,读者应该自己去读《图腾与特怖》然后才下批评。

心理分析　　心理学者对弗洛伊德的隐意识学说虽毁誉异词,而对于他的"心理分析法"(psychoanalysis)则莫不认为医学上极重要的贡献。心理分析法的要旨在窥探隐意识的内容,把它宣揭开来,使淤积的潜力发泄去不再作祟。它是勃洛尔的"谈疗"或"净化法"(cathartic method)之变相。"净化法"还要依赖催眠。它和旧式催眠术相较只有一个异点。在旧式催眠术中,催眠者是主动者,他发号施令,使被催眠者承受他所暗示的观念。净化法则只催眠而不暗示。它利用病人在催眠状态中意识检察作用疏懈时,设法把他的被压抑而忘却的欲望宣揭出来。弗洛伊德创"心理分析法"则比"净化法"更进一步,把催眠一段手续也丢开。他所以丢开催眠,是受南锡派的影响。般含尝使受"后催眠暗示"(post hypnotic suggestion)者(即暗示被催眠者在醒后做某种动作)在醒后追忆催眠中的经过。被催眠者对于催眠中的经过大半不能忆起,但是经过般含挑醒以后,他也能把催眠中的所见所闻召回到记忆里来。弗洛伊德根据这件事实作一个很重要的推论:在催眠后既可把被遗忘的经验召回到意识里来,则通常隐意识中的经验也应不难召回。他的心理分析法的功用就在不利用催眠而召回被遗忘的经验。这个治疗法各家所用的互有分别。弗洛伊德所用的是"自由联想法"(free association method)。

自由联想法 行"自由联想法"时,病人须躺在一个安乐椅子上,很逍闲自在的让思潮自由流动,不用意志去支配,想到什么就想什么,丝毫不用隐讳或回避。分析者坐在病人背后乘机发问,叫他把致病的经过、家庭环境及以往历史坦坦白白的说出来,尤其要紧的是不要隐瞒可痛心可羞耻的事。

"抵抗" 被遗忘的欲望之不能闯入意阈,由于检察作用的压抑。病人既不愿自己知道他自己的隐事,自然更不愿使医生知道。所以受心理分析者尝于无意中向分析者表示"抵抗"(resistance),不肯说出隐衷。比如有些病人不肯受心理分析,骂分析者为骗徒,或于规定受诊时间藉故不到,或嫌分析者索价太高,都是"抵抗"的表示。

"移授" "抵抗"自身也是一种病征,病人并非故意如此。分析者若应付有方,当不难得病人的同情和信仰。病人如果对于分析者有同情和信仰,则不但向他无隐讳,而且往往能够发生近于恋爱的关系。他的"来比多"的潜力原来附丽于某一人或某一物的观念上(例如"俄狄浦斯情意综"中子之于母),现在他可把这种潜力移注在分析者的身上。这种作用在术语上叫做"移授"(transference)。"移授"是治疗的初步。病人的精神失常,本由于性欲固结在不适当的对象上。所谓"移授"就是打破这种固结,就是把病根移去。"来比多"的潜力既移授于分析者以后,分析者于是设法把它解剖给病人看,教导他自己去把作祟的潜力利用于其他较有益的活动。比如有性爱需要的病人,分析者可设法助他寻一个适当的对象,或者利用升华作用,引导他将"来比多"的潜力发泄于文艺宗教或职业方面去,分析者的职务并不止于治疗,治疗以后,他还应设法使病人以后不至发生同样的病症,所以分析之后,要继以"更新教育"(re-education)。

弗洛伊德学说的批评:他的贡献　弗洛伊德的最大贡献在发明心理分析法以治精神病。无论其学理的根据如何,而言实效,则心理分析法的功用已为世所公认。至于弗洛伊德主义对于心理学上的贡献,一九二四年五月号美国《心理学评论》中有四篇文章,言之颇详。鲁巴(J. H. Leuba)以为新心理学有四种倾向,都是受弗洛伊德主义的影响。第一,心理学上的原子观已被打破,心理学者现在多注意行为之完整的(integrated)和活动的(dynamic)两方面。隐意识心理学所研究的以全人格的动作及其动机为中心,就这点看,它和行为主义和机能主义颇似同调。第二,弗洛伊德主张极端的前定主义,所以把心理学看作很严密的科学。他以为心理也和物理一样,其中无所谓"机会",一动一静都有前因。第三,从前心理学多忽视过去经验,弗洛伊德派才证明过去经验时时刻刻在支配现在行为。物理上质力不灭,心理上经验也不灭。总而言之,心理生活是连贯的,不是飘忽无常的。第四,弗洛伊德学说唤起研究"人格"(personality)的兴味。妥司通(Thurstone)说,从前心理学家只研究飘忽的心理状态(momentary mental states),而弗洛伊德派则研究永久的生活兴趣(permanent life interest);从前心理学的普通公式是"刺激——主者——行为",弗洛伊德的公式则为"主者——刺激——行为"。这也是说他把人格问题看得特别重要。

他的缺点　弗洛伊德的学说行世后,推尊之者固多,而攻击之者亦复不少。比较有力的批评都要推耶勒(见他的《心病治疗学》卷二)、麦独孤(见他的《变态心理学大纲》)和他自己的门徒荣格和阿德勒(详第七第八两章)诸人。他的最大的缺点在他的泛性欲主义（pansexualism）。性欲关于种族保存，其重要为心理学家所公认，但是像弗洛伊德把它看作一切变态心理作用的来源，则未免过于牵强附会。他的"隐意识"一个概念也非常暧昧。"隐意识"既不能以意识察觉，则其存在只可推测，不可证明。弗洛伊德派学者对于它的性质始终没有说得明了。比如"欲望"和"观念"都是意识作用，而弗洛伊德派学者尝用"隐意识的欲望"和"隐意识的观念"等名词，其实这就是说"隐意识的意识"，不显然是自相矛盾么？（参看 Mind, vol. XXXI. p. 414）

他的梦的解释太牵强　弗洛伊德的隐意识说基于梦的研究，我们如果跟着麦独孤把他的梦的解释仔细加以分析，便可发见许多难点。

（一）隐意识何以要化装避免"检察作用"以出现于意识界呢？弗洛伊德说它是寻求快感。隐意识寻出快感已很难思议，何况欲望压抑到隐意识本由于它带有不快感，现在又说它回到意识界求快感，也是自相矛盾。弗洛伊德误在兼收"快感原则"与麦独孤所谓"动原观"（homic view）。不知"快感原则"实即旧心理学上的"唯乐观"（hedonistic view），与"动原观"是不相容的。"唯乐观"以快感与不快感为趋避的原因，"动原观"以快感与不快感为生活力得发泄或被阻抑的结果，这显然是相反的。

（二）弗洛伊德对于"检察作用"（censor）和"自我"（ego）两个名词用得太混乱。有时他把这两件东西看作同一，它们都是性欲的压抑者。但是在梦的解释中，他又把"自我"和"检察作用"看作两种东西，"检察作用"可以察觉梦的隐义而防止其直裸裸的现于意识界，而"自我"则不能察觉梦的隐义，梦的隐义尝躲避"自我"，因为恐怕它的道德意识受震撼。"自我"真的是因了梦的不道德而受震撼么？伯柔尔（Brill）医生尝诊过二十一个病人，发见他们都梦过和自己的母亲发生性的关系，完全没有化装。然则弗洛伊德所谓"检察作用"到什么地方去了呢？

（三）弗洛伊德以为梦须化装，以保护睡眠，免得唤起道德的震撼（moral shock）。许多人尝从梦中惊醒，足证此说无据。

（四）弗洛伊德以为梦中所用的符号都是代表生殖器或性的关系，他又承认这些符号是从野蛮的祖先遗传下来的。穴居野处的人何从拿"伞"来作阳性的符号，"屋"来做阴性的符号？

（五）欧战中兵士在梦中尝复演战场的情景。这种"战场梦"不能用弗洛伊德的学说解释。

（六）许多梦不用弗洛伊德的方法也可解释，我们只要看荣格和麦独孤的著作便可知道。

我们只取"梦"来批评，以示读弗洛伊德书者须处处持怀疑态度，不可过于置信。其实他的学说每条都可以如此细加批评，而且每条都被人如此细加批评过的。

缺乏生理的根据　弗洛伊德还有一大缺点，就是对于心理学的生理基础无所说明。他在《梦的解释》中论压抑作用时，曾自认对于隐意识的生理基础不甚了了，而希望将来有人能拿神经细胞的动作来解释隐意识作用（见 The Interpretation of Dreams, p. 472）。照这话看，他是承认心理作用应有生理基础的。他只管说压抑、化装、检察、升华，而丝毫没有顾虑到这些作用是否在现在生理科学上能寻得根据。比如他把"来比多"完全看作性欲的潜力，美国来希列（K. S. Lashley）就以为这种见解与生理学的证据不相符。（参见一九二四年五月号美国《心理学评论》中《"来比多"的生理的基础》一文）

第七章　荣格

　　维也纳派和苏黎世派争执　　弗洛伊德的及门弟子中以荣格（C. Y. Jung）、阿德勒（Adler）和司徒克尔（Stekel）三人最重要。荣格是瑞士苏黎世派（Zurich School）精神病学者的领袖，而阿德勒与司徒克尔则与弗洛伊德同为维也纳人。弗洛伊德待荣格特别优厚，所以荣格为维也纳派学者所忌。但是荣格虽有承受衣钵的希望，而他的主张则往往与师说相乖。因此，弗洛伊德自己和徒弟、徒弟和徒弟中酝酿成许多妒忌仇视和争执，结果不但维也纳派和苏黎世派成为劲敌，阿德勒分立门户，即荣格和弗洛伊德亦终归于破裂。我们读弗洛伊德自著的《心理分析运动史》，不禁起一种不大惬意的感想，这般心理分析学的先驱，谈到谁在先发表某个主张，谁是正宗，谁是叛逆时，互相倾轧妒忌，比村妇还要泼恶。这是科学史上少有的现象。

荣格和弗洛伊德的分别　荣格的学说是根据弗洛伊德的隐意识说而加以扩充修正的。我们如果取这两人的基本主张相比较，则一方面既可见出弗洛伊德的缺点，而另一方面又可明了荣格的特别贡献。

（一）个体的隐意识和集团的隐意识　弗洛伊德研究隐意识，着重环境，只注意个人的心理生展之历程；荣格研究隐意识，着重遗传，将全人类的心理生展史拿来作通盘计算。依弗洛伊德看，心可分为四大成分：（1）本能，最重要者为性欲本能，其次为自我本能。这两大本能虽得诸遗传而却非隐意识。它们只是造就隐意识的原因。因有本能，故有欲望，欲望为意识的检察作用所压抑，所以有隐意识。（2）意识，包含目前一切知觉。（3）前意识，已经的知觉而现在不复在记忆中，但可自由复现于意识。（4）隐意识，被压抑的欲望，包含情感（affect）和观念（idea）两大成分，所以名为"情意综"，隐意识完全在个体生命史中形成，婴儿初入世时无所谓隐意识。隐意识之发生由于欲望和环境影响相冲突，所以它或非得诸遗传。荣格以为弗洛伊德把隐意识看得太狭小。人类自有生到现在，已有无数亿万年的历史，每个人都是这无数亿万年的历史之继承者。在这无数亿万年中人类所受环境的影响，所得的印象，所养成的习惯和需要，都藉遗传的影响储蓄在个个人的心的深处。这种全人类的"传家之宝"实形成隐意识之最大部分，所以荣格分隐意识为两种，一为"个体的隐意识"（personal unconscious），一为"集团的隐意识"（collective unconscious），"个体的隐意识"有两大成分：（1）被遗忘的经验，相当于弗洛伊德的"前意识"。（2）被压抑的欲望，相当于弗洛伊德的"隐意识"。

集团的隐意识　但是，"个体的隐意识"仅占意识的一小部分，其大部分则为"集团的隐意识"。"集团的隐意识"包含两大要素：

(1)本能，荣格和弗洛伊德一样，都以为本能根本只有两种，一为绵延种族用的，即性欲本能，一为保存个体用的，即营养本能（nutritive instinct）（较弗洛伊德的"自我本能"稍窄狭）。(2)"原始印象"（primordial images）。"原始印象"是人类在原始时代所蓄积的印象，其种类甚多。最普通的是神话（myths）。神话之发生，由于原始人类对于自然现象不能给以科学的解释，于是忆想出种种神奇鬼怪，以为风云雷电、草木鸟兽等等都是神鬼的工作，这种神话在现代虽很少有人相信，但是它还储蓄在隐意识中，常常在梦中出现。弗洛伊德以为梦大半隐寓儿童时的性的经验，荣格以为梦的本源还远在无数亿万年以前，不仅在儿童时。

思想原型　人生而有各种"思想原型"（archetypes of thought），所以不假经验，就能知道"甲大于乙，乙大于丙，则甲大于丙"，"凡事皆有原因"，"甲不能同时为非甲"等等。这类知识在哲学上叫做"先经验的知识"（a priori knowledge），"思想原型"就是直觉"先经验的知识"的能力，就是"原始印象"之一种，也就是"集团的隐意识"的一部分。在荣格看，科学家的发明和艺术家的创作都不仅凭个人的努力，他们的最后凭借都是"原始印象"。所以他们尝自觉心的深浅非自己所能测量。在一般人看他们是"如有神助"，或是得着"灵感"（inspiration），其实他们也只是"叨祖宗的光"。比如马耀（Mayer）发明能力不灭就是一个好例。马耀并不是一个物理学家，也不曾经过深思冥索。他有一天坐在船上，霎时间觉有灵光一现，立即悟出能力不灭的道理。所以荣格说，"能力不灭"是原始人类已储蓄起来的印象。各种宗教的"灵魂"观念就是"能力"的印象之雏形，"灵魂轮回"就是"能力不灭"的印象之雏形。个个人的隐意识中都存有这个原始印象，不过在马耀的隐意识中，这个原始印象，因为情境凑巧，所以能涌上意识里来。

persona 和 anima　各人的意识内容各不相同，各人的隐意识内容也不一致，因此各有各的"个性"。荣格把意识生活的个性叫做 persona，意谓"人格"，这是环境所造成的，是自己觉得到，旁人见得着的性格。隐意识生活的个性则为 anima，意谓"灵魂"，这是无数亿万年前的远祖所遗传下来的。persona 和 anima 尝相反，惟其相反，所以能相弥补。我们可以说，persona 是"皮相"，anima 是"骨相"。皮相是女性，则骨相常为男性；皮相是男性，则骨相是女性。皮相偏重情感，则骨相偏重理智；皮相偏重理智，则骨相偏重情感。其他仿此。我们在醒时所表现的心理生活是 persona，在梦中所表现的心理生活是 anima。梦是弥补实际生活的缺陷的，隐意识是弥补意识的缺陷的。

（二）**性欲观和能力观**　弗洛伊德所持的是"性欲观"（sexual view），荣格所持的是"能力观"（energic view）。弗洛伊德以为"来比多"（libido）全是性欲的潜力，性欲是与生俱来的。婴儿应付性欲的需要往往"乖常"（perversion），把"来比多"固结在"自性爱"、"同性爱"、"亲属性爱"及其他种种离奇的幻想（phantasies）上，于是形成种种"情意综"，其中尤其重要的是"俄狄浦斯情意综"，这是隐意识的基层。成人性欲发达完全时，如果能遇着适宜异性对象，则性的生活可遵常轨，否则"来比多"返流或"还原"（regress）到婴儿期，使婴儿期所固结的乖常的情意综再活动起来，其结果乃有种种神经病。

荣格对于这几个论点都不完全赞同。第一，"来比多"是生活力的总称，相当于柏格苏的 élan vital，性欲冲动仅为其中一个要素。人类在有生之初，"来比多"也许全是性欲的。但是文明日进，生活日繁，人类不得不把"来比多"的潜力划拨若干出来以应付性欲以外的需要。久而久之，这划拨开来的"来比多"便和性欲冲动处相对地位，比如营养本能便是带有这种性质。

第二，性欲到青春期才发现，婴儿所发的类似寻求性欲满足的动作，严格的说并不就是性欲的表现，例如婴儿吮乳，弗洛伊德把它看作性欲的表现，荣格则以为由于营养本能，与性欲无关。如依弗洛伊德，则自婴儿期至青春期，性欲应该一天强似一天，何以婴儿期与青春期之交，我们通常很少见性欲的痕迹呢？弗洛伊德称此期为"潜伏期"（latent period），性欲何以有潜伏期？弗洛伊德实未曾顾及。荣格否认婴儿期有真正的性欲，所以无须假设潜伏期。

第三，荣格亦承认"俄狄浦斯情意综"之存在及其重要。但是它并非在婴儿个体生命史中形成的，尤其不是亲属性爱的表现。它实在是存在"集团的隐意识"中，是初民所遗传下来的"原始印象"。换一句话说，杀父娶母，在野蛮时代或为普遍经验，现在"俄狄浦斯情意综"只是一种很远的种族记忆。

第四，荣格和弗洛伊德都以为神经病起于还原作用，或退向作用（regression），但是弗洛伊德所谓"还原"是性欲的"还原"，是"来比多"返流到婴儿期的性的乖常和幻想重新唤醒；荣格所谓"还原"，是"生力"的返流，而返流所至，不仅为婴儿期，而且有时为人类的野蛮时期；返流的路径不仅是性欲的，有时为无关性欲的原始经验。荣格批评弗洛伊德说，弗洛伊德把儿童期的性欲经验看作神经病的远因，其实他所谓性欲的乖常和幻想是普遍的经验，何以在第一部分人中才发展为神经病呢？弗洛伊德误在没有注意到这个问题。荣格解释神经病，着重病人的现时适应环境的能力。生命时时刻刻向前进行，应付环境的"来比多"也时时刻刻向外发泄。环境如有困难，"来比多"的潮流于是停止。平常人中，"停止"就是"蓄积"，"来比多"蓄积愈多，其力愈大，所以终于因战胜环境困难而得发泄。但在神经病衰弱的人中，或者在环境无法可征服时，"来比多"既停止，即须倒流，于是有"还原作用"，于是有神经病。一言以蔽之，神经病之发生，由于"生命工作之不成就"（nonfulfilment of life's task)。这句话如何解释呢？环境是日新月异的，所以生命工作时需要新的努力，新的适应方法。但是有时遇着困难境遇，我们寻不出新的适应方法，于是把婴儿期的或人类野蛮时期的旧而无用的方法，拿来适应新的环境。所以生神经病可以说是弱者取巧的方法，是朝抵抗力最少的路径进行。这个道理我们可取一个比喻来说明。小孩子初上学的遇着头痛就可告假，后来觉得书太难读了，要想告假，于是藉口头痛。"还原作用"就是由怕读难书而还原到头痛，以闪避卖气力的需要。

（三）梦的原因观和究竟观　荣格、弗洛伊德都以为梦为隐意识的产品，不过他们的主张有两个重要的异点。第一，弗洛伊德把梦看作过去欲望的化装，往往发源于婴儿期；荣格把梦看做"原始印象"的复现，大半发源于人类有生之初。第二，弗洛伊德只究问梦的原因，他的解释完全是客观的，荣格则推求梦的目的，他的解释是主观的。这两个异点其实都从"集团的隐意识"之存在与否出发。我们再说详细一点，便可明白这个道理。

要将一件事实解释清楚，我们不仅须问它的原因，还要问它的目的。只追究原因而忽略目的，是弗洛伊德的缺点。比如有一座大礼拜堂，弗洛伊德只把它分析成砖瓦泥土而说明其如何构成，而荣格则进一步问这座礼拜堂为何构成，它的用处何在。如果用荣格的术语说，弗洛伊德只着眼"原因"（causality），他自己则追问"究竟"（finality）。这个分别观下例自明。

有一位青年病人作这样的一个梦：我站在一个素不相识的园子里，在树上摘取一个苹果，很小心的伸头四顾，好不叫人看见。

"病人所联想起的与此梦有关的记忆是在童年时，在他人园里偷摘两个梨子的一个经验。

"这个梦中的要点是一种做亏心事的感觉，他因而想起前一天所经过的一个情境。他在街上和一位仅有一面之交的少女攀谈，适逢一位相识的男子走过，他猛然觉得不好意思，好像做了坏事似的。他又由苹果联想到《创世纪》中亚当和夏娃偷食禁果，被逐出乐园的故事，他觉得偷食禁果受如许重罚是不可解的事。他常为此发怒，他觉得上帝似乎太苛刻一点，因为人的贪鄙和好奇心也都是上帝给他的。另一个联想就是他的父亲尝为一些事情谴罚他，在他是觉得莫明其所以然的。他所得的最苛的惩罚是在偷看女子洗澡之后。

"这件事又引起另一个自供。他近来和一个女婢曾有一次艳事，虽然他没有完全达目的，前一日还和她有一次私会。"

他的联想材料如此，如依弗洛伊德的解释法，它的意义应该是这样：梦者前一日和女婢私会，没有实现他的欲望。摘取苹果就是满足这个欲望的象征。

荣格说，满足性欲的象征甚多，他何以不梦上楼梯，何以不梦拿钥匙开门，何以不梦坐飞艇，而独梦偷摘苹果呢？如果他梦拿钥匙开门，则他的联想材料必完全不同，必没有偷摘苹果的"罪恶意识"，必联想不到亚当、夏娃偷食禁果受谴罚的故事，必联想不到前几天在街上和少女攀谈所感到的不安。他梦偷摘苹果，是由于"罪恶意识"在隐意识中涌现，他的梦仿佛是警告他私通女婢是一件不正当的事。他平时习见习闻旁人的类似的不正当行为，意识中已不复把它当作大不了的事，他的道德意识已为习俗所剥丧。但是隐意识中存有无数亿万年传下来的性道德观念，所以仍能在梦中给他警告，照这样看，荣格的见解和弗洛伊德的几乎相反，弗洛伊德把梦看作不道德而意识的检察则为道德的；荣格则以为梦是道德的，所以"弥补"意识之不道德。

荣格又说他的解释是主观的，而弗洛伊德的解释则为客观的。再拿上例说，自弗洛伊德看，偷摘苹果代表一个实在情境，而自荣格看,它是象征梦者的人格中之一部分,即隐意识中的性道德观念,即他所谓 anima。anima 的象征不必为作梦者这生的经验,可为"原始印象"。所以梦和神话所用的象征往往相同。例如上面偷摘苹果的例子和《旧约》中偷食禁果的例子都是代表"罪恶意识"的"原始印象"。

"弥补"意识的缺陷就是隐意识的目的,就是梦的"究竟"。弗洛伊德的学说看来虽有许多类似玄想,其实他所用的完全是经验科学的方法,完全是机械式的因果观。荣格则明目张胆的说,心理学所研究的现象都含有"目的"或"究竟",不能完全依赖科学方法,因为科学只追究原因。关于这一点心理学家的意见颇不一致,有主张不谈"目的"者,有主张"目的"也可用科学方法研究者。

(四)两派的心理分析法 弗洛伊德以为神经病原在被压抑的性欲,心理分析可以祛病,就因为它能将被压抑的欲望召回到记忆里来。他所以把心理分析法称为"净化法"。荣格否认神经病原为被压抑的性欲,而却承认心理分析有治病的功效,这是如何解说呢? 在他看,神经病之发生,由于"来比多"的潜力因"还原作用"而附丽于幼稚期或野蛮期的"固结"(即情意综)上去,心理分析可以治病,就因为它可以使附丽在情意综上的"来比多"恢复自由,复受意识支配。

单字联想法 在技艺方面,荣格所用的心理分析与弗洛伊德的只有一点稍异。弗洛伊德专为自由联想法(free association method),荣格则改良冯特的"单字联想法"(word association test)以补自由联想的不逮。此法现在应用颇广,现在略将手续说明。他选出一百个"刺激字"(stimulus words),例如"头"、"青"、"死"、"船"、"病"、"钱"、"吻"、"友"、"花"、"门"、"洗"、"婚"、"画"等等,分析者依次朗诵各刺激字,使被分析者把刺激字所唤起的联想字(association word)或"反应字"（response word)迅速说出，不稍停顿。刺激字唤起反应字所需之时间叫做"反应时间"（reaction time)。心理健全的人对于每字所需反应时间为三秒钟左右。比如你说"水"字，他不过三秒钟就说出"船"字或其他字，用不着迟疑。有时某字所需反应时间特别长久，这就由于它和隐意识中情意综有关。刺激字激动心中隐事，触动情感，而同时意识作用又设法掩盖闪避，所以反应需时较长。有一个人费四十五秒钟才唤起"树"字的反应字。他是一个著作家，在他的书中"树"字仅见过两次而每次都想到悲酸的情境。心理分析者仔细研究，发见他在九岁时曾见人自"树"上跌到石上把头碰破了，因之大受惊吓。"树"的观念因为成为恐惧的情意综之中心，所以他不容易想起它的反应字。分析者既知道某刺激字与隐意识有关，于是就拿那个字做中心，再寻与它有关系的字的刺激字。比如在一百字中，"钱"字所需反应时间最久，则取"费"、"赚"、"赔"、"买"、"存"等字做刺激字，叫病人把这些字所唤起的联想一一说出。这一次是用自由联想法，不仅说出所想到的第一个字。下面是一个实例：

"颈……颈……树……一个水池……颈痛……觉得被水淹似的……瞎眼……工厂……父亲……父亲在那里做工……呀，对了！……一个小孩子倒在我身上……我那时才有七岁左右……我的颈子打脱了关节……他们到工厂里找父亲，父亲背我去见医生。"

从这个联想线索看，我们可知病人幼时曾因颈子打坏而大受惊吓，隐意识中"颈"字成了恐惧的情意综之中心。现在病人既把它回想起来，"来比多"的潜力不复淤积在恐惧情意综上，所以病也就全愈了。弗洛伊德自己也承认这种单字联想法可以弥补他所用的自由联想法的缺陷。现在心理分析者大半兼用二法。

内倾和外倾　荣格和弗洛伊德的学说的异点大概如此。荣格对于心理学还另有一种很重要的贡献，就是对于"心理原型"（psy-chological types）的研究。"人心不同，各如其面"，但是在这种不同中我们可以寻出若干同点出来，好比面孔虽各不同，但说粗略一点，总不外长脸圆脸两种"原型"。心理也是如此。荣格以为人的原型不外两大类，一为"内倾者"（introverts），一为"外倾者"（extroverts）。外倾者的"来比多"潜力是向外的，把"外物"（objects）的价值看得特别贵重，所以时时刻刻都注意外物而无暇返观"自我"（ego）。内倾者的"来比多"潜力是内向的，把自我的价值看得特别贵重，所以全副精神都聚会在自己的身上，对于外物毫不注意。外倾者好比灯蛾，内倾者好比蜗牛。外倾者好社交，内倾者好孤寂。外倾者好活动，内倾者好沉静。外倾者多受感情支配，内倾者多深思冥索。外倾者多乐观，内倾者多厌世。外倾者多勇往直前，内倾者多畏缩。这两种人对于人生的态度不同，而所成就的事业亦因之各异，古时大演说家、大政治家、大社会运动家和戏剧界名角大半都是外倾者。大诗人、大宗教家和大哲学家大半是内倾者。不独个性如此，民族性和文化也有内倾外倾的分别。东方文化是内倾的而西方文化则为外倾的。

荣格的这种分类也并非一家的私见。奥司华（W. Ostwald）把文人和天才分成浪漫者（romanticists）和古典者（classicists）。浪漫者动作敏捷，思致灵活，感情热烈，善于博声誉，得信徒。古典者冥心孤往，只希冀身后之名而不屑一时的炫耀。尼采把艺术的精神分为两种，他拿古希腊两个神名来称呼它们。一是阿波罗派（Apollonic，爱神及文艺之神），是恬静幽美的，好比清风皓月，令人心旷神怡，悠然遐想。诗歌小说雕刻图画都是阿波罗的艺术。一是狄俄倪索斯派（Dionysian，酒神），是热烈焕发的，好比酒徒酒酣耳热之后，猖狂叫嚣，慷慨淋漓的时候，把自己一切忧喜都付之度外。音乐跳舞都是狄俄倪索斯的艺术。詹姆士把哲学家分为柔心的（tender-minded）和硬心的（tough-minded）两种，纯理主义者、乐观者、一元观者、持自由意志说者、古典者、虔信宗教者都是柔心人，经验主义者、悲观者、持命定论者、浪漫者、不信宗教者都是硬心人。

依荣格说，奥司华所谓浪漫者，尼采所谓狄俄倪索斯派，詹姆士所谓硬心人都是外倾者，至于古典者、阿波罗派和柔心人则为内倾者。

心理学家也有内倾者和外倾者两派。外倾者全从经验科学的立脚点出发，注重环境的影响，以为"原因"既说明便算尽了心理学的能事，弗洛伊德是最好的代表。内倾者把自我看得特别重要，外界变化都是为我发生的，心理学家须于原因以外再进一步求知"目的"，阿德勒和荣格自己都属这一派。

弥补作用　在上文我们已经说过，隐意识的功用在弥补意识，anima 的功用在弥补 persona。这个道理在心理"原型"中也可见出。在意识生活中是外倾者，其隐意识往往内倾。在意识生活中是内倾者，其隐意识往往外倾。例如内倾者好孤寂而恶社交，从意识方面看，他似乎觉得"上天下地，唯我独尊"，把社会看得不值一文钱；可是从隐意识方面看，他实在把自己看得太小，把社会的价值估得太高，他所以甘于蜗居蛰伏，实在是怕伸头。内倾者暗中尝羡慕外倾者，外倾者暗中亦尝羡慕内倾者，所以男女交际中，性格相反者彼此互相吸引的能力反而特别大。

精神病之发生，由于适应现在环境之失败，而"来比多"潜力还原到过去的不适用的反向方法，已如上文所述。所谓适应现在环境之失败，就是隐意识中内倾和意识中外倾失调，或是隐意识中外倾和意识中内倾失调。比如说，内倾者往往富于思想而缺少情感。他平时专过思想生活而不略尝情感生活，到了需要情感的环境发生，他就不免穷于应付，其结果往往为精神病。病态心理也有两种。患迷狂症的人是外倾者，所以易于动情；患童癫症（dementia praecox）的人是内倾者，所以精神一日比一日颓唐。

荣格学说的批评　　荣格的学说大要如此。弗洛伊德学者多讥其为"非科学的"，其实"非科学的"不特是荣格所不免，弗洛伊德派自己也安能逃这个罪名？

依我们看，荣格最大的贡献有两点。第一点是把"来比多"看作广义的"心力"，打破弗洛伊德的"泛性欲观"。第二点是着重"集团的隐意识"和"心理原型"，这也是救弗洛伊德偏重个人环境而忽略种族遗传之弊。

思想原型说的困难　　关于第一点，一般心理学者都是赞同荣格的。除了弗洛伊德的"死党"，现在已没有人把性欲看成唯一的原动力了。关于第二点，则意见尚未臻一致。有人根本否认"集团的隐意识"一个观念。挪芮荃（Northridge）在他的《近代隐意识学说》一书中就是这样主张。他说，荣格的"集团的隐意识"包含本能与"思想原型"，而这两个成分实在都很难说是"集团的隐意识"。先言本能，就其未发动者言，不能谓为"隐意识"，就其已发动者言，只能谓为"意识"，就其已发动而被压抑者言，只能谓为"个人的隐意识"。次言"思想原型"，吾人很难断定心理"家私"某者是祖宗传下来的，某者是个人自己白手赚得的，而且种族记忆或如西门（Semon）所言，由于脑中含有"印痕"（engrams），全是一件生理上的事实，而不必拿心理学来讲。

习得性能否遗传　　在我们看，"思想原型"的最大困难倒不在此，而在"习得性（acquired characteristics）能否遗传"？一个生物学的问题。据雷马克（Lamark）说，习得性是可以遗传的，例如长颈兽（giraffe）其颈之所以长，就因为它吃树叶须伸长颈，越伸越长。伸长的颈本是在个体生命史中的一个"习得性"，遗传到子孙，以后所以一代长似一代，魏意斯曼（Weismann）和新达尔文派学者反对此说，以为习得性不能影响生殖细胞，所以无法可遗传，例如把接连十几代的鼠都割了尾巴，以后新生的鼠还是有尾巴的。荣格的"思想原型"一个观念须假定雷马克习得性可遗传之说。因为"印象"（image）是个体所习得的，现在人类既还存有无数亿万年前远祖所得的印象，则印象可遗传，自无疑义。现在生物学者大多数是新达尔文派，所以在他们看，荣格的"原始印象"是不能存在的。但是也还有许多学者仍然把"习得性可否遗传"看作一个待解的问题。麦独孤倾向雷马克说而却疑荣格的"思想原型"，其说详见他的《变态心理学大纲》第九章。

第八章　阿德勒

　　弗洛伊德和阿德勒　弗洛伊德有两位高足弟子,其一为荣格,其一为阿德勒(A. Adler)。荣格脱离弗洛伊德,因为不满意他的性欲观;阿德勒所以独立门户也是因为嫌他的师傅把性欲看得太重,从生物学观点看,人生有两大需要,一是保存种族,一是保存个体。因为要保存种族,所以有性欲;因为要保存个体,所以有"自我本能"。弗洛伊德偏重保存种族的需要,所以虽承认"自我本能"和性欲是并行的,而却以为"来比多"全自性欲组成。荣格以为"性欲"和"自我本能"之上还另有一种"太上皇",就是"来比多"或广义的"心力"。阿德勒与弗洛伊德适走两相反极端,他以为"来比多"全是自我本能的潜力,而性欲也只是"自我本能"的变相。

　　心理学应重目的　在态度和方法方面,阿德勒较近于荣格。

荣格以为心理学应以研究目的为第一任务，不当囿于寻常科学的因果观。这种论调阿德勒倡之更力。他说，"倘我知道一个人的目标，我就能略知他将要怎样行动。我就能把他所发的联续的动作按部就班的排列起来而观其关系，正其错误，而且可设法明了这些关系的心理学上的意义。如果我只知原因，只知反射动作、反应时间和复演这种动作的能力，则我对于心灵中的经过便完全不能明了"。不但如此，如果我们只从因果观出发而不顾到目的，我们决不能据往以知来，不能知道精神颓丧的人由"树"字联想到"绳"字时其心中存有自杀的动机。我们可以说，在寻常科学所研究的现象中，因在果前；而在心理现象中真正原因都在果后，因为现在行为都随未来希望而转移。目的就是存于未来的原因。心理固然也要研究果前之因，但是它尤其不应忽略果后之因或目的。

在上意志和男性的抗议　人生一动一静都有一个目标。就表面说，人的目标各各不同，有人只顾名，有人只顾利，有人只顾恋爱，有人只顾学问事业。但是看到骨里，这些表面不同的目标其实都只是一个普遍的目标，这就是"优胜"（superiority）。阿德勒受尼采的影响最深。他以为人类行为全受"在上意志"（the will to be above）驱遣。"在上意志"就是尼采所谓"权力意志"（the will to power），也就是心理分析家所谓"来比多"。"向上意志"也可以说是"男性的抗议"（masculine protest），表之以公式，则为"我要做一个完全人"。因为要做一个完全人，所以我不容有丝毫缺陷。倘有丝毫缺陷，则我心中便存有"卑劣感觉"（the sense of inferiority），即耶勒所谓"缺陷感觉"（sentiment d'imcompitude）。

双极说　弗洛伊德所谓"模棱情感"，阿德勒称之为"双极"（bi-polarity）。人们对于"自我"都抱有双极情感。愈有"卑劣感觉"时，自我意识也愈强烈；自我意识愈强烈时，"卑劣感觉"也愈不堪忍耐。自视过高的人把小屈辱看成了极大羞耻，自己觉有缺陷，于是

"在上意志"乃暗地驱遣他提出"男性的抗议"说,"我要做一个完全人",这就是说,"我要设法弥补我的缺陷"。依这样看,凡是"完全"都是由"缺陷"生出来的。

依阿德勒说,人们在无意中对于世界一切人物都有一种估价,而这种估价都只有一个分别,或为"上下",或为"胜败",或为"优劣",或为"强弱"。换句话说,我们每逢见一个人时,就暗中揣想"他在我上"或是"他比我劣";我们每有所动作时,就暗中揣想,"我这次是成功"或"我这次是失败"。在这种估价中,成人被看得比婴儿强,男子被看得比女子强,所以婴儿心中尝想做成人,女子心中(有意的或无意的)想做男子;犹如步走的人羡慕骑驴的人,骑驴的人羡慕乘车的人。

缺陷器官和弥补　觉到"缺陷",便图"弥补"(compensation)。阿德勒在《缺陷器官研究》中就专门讨论"弥补"的道理。他举了许多实例,证明器官有缺陷的人,因为"在上意志"与"缺陷感觉"相冲突,于是极力求弥补,结果使缺陷器官反而比寻常完全器官还更加有用。最著名的例子是德摩斯梯尼(Demosthenes)。他本来患口吃,因为要弥补这个缺陷,发奋练习言语,后来便变成希腊的第一大雄辩家。大音乐家如贝多芬(Beethoven)、莫扎特(Mozart)、舒曼(Slara Schumann)诸人都有耳病;大军事家如司提里柯(Stilicho)和托司唐生(Torstensson)都是患疯癫麻木的人,也都可以证明弥补的道理。

有时在甲方面感觉到缺陷,可在乙方面求弥补。苏格拉底的心灵最优美,因为他的面孔太丑陋。海伦·凯勒(Hellen Keller)又聋又盲又哑,而成著述家。就中国说,孙子膑足,乃著《兵法》;左丘失明,乃著《国语》;司马迁受宫刑,乃著《史记》,也是脍炙人口的故事。诸如此例,都是"在上意志"暗中驱遣器官有缺陷的人极力求弥补而终于获非常成就的。

儿童心理和弥补　"弥补"是一种极普遍的心理现象,不特具缺陷器官者为然,儿童心理差不多全受"弥补"作用支配。儿童器官发育未完全,一切都要依赖旁人帮助。他看见环境不易应付,又看见成人能力之广大,心中当不免感到缺陷感觉。此时男性的抗议便提醒他寻求弥补。儿童往往好活动,好探问,好模仿,都是受缺陷感觉的驱遣。教育之可能,即由于儿童富于缺陷感觉。缺陷愈大,感觉愈灵敏,而寻求弥补也愈加急迫。所以孱弱的儿童往往比健全的儿童更加好胜。

儿童的"在上意志"很强,所以和兄弟姐妹相爱,一切都要占优胜地位,尤其是对于父母的爱。年较长者往往打起哥哥或姐姐的牌子,向弱小弟妹发号施令,要他们绝对服从,甚至于依仗自己的势力去欺凌他们。这固然是"在上意志"的表现。弱小弟妹自知在年幼和体力方面有缺陷,不能像兄姊那样横强霸道;可是他们知道以柔取胜,对于父母特别恭顺,以求博得他们的欢心。这也是"在上意志"的表现。总之,儿童都以"优胜"为目标,不过达目标的方法或以横强,或以柔顺。

以柔取胜　以柔取胜,就是戴着假面具去实现自私自利的欲望,就是走弯路去达优胜目标。知道这个道理,我们就可知道阿德勒对于隐意识的见解。"在上意志"和满足"在上意志"的方法通常都为社会所仇视,因为人人都要占优胜,谁自甘屈辱,谁不妒嫉他人之求驾我而上之? 所以优胜目标和达到优胜的方法尝藏隐意识中,不特他人不能看破,即自己也无由察觉。

精神病是闪避　精神病就是隐意识中的一种弥补方法,也可说是一种闪避(evasion)。"在上意志"本来要达到征服和优胜,倘若外物抵抗力过大而我无法可得胜利,我至少也不要甘受失败。我不能胜人,我至少也不要人胜我,不要人胜我,我只得闪避竞争和角斗,通常闪避的方法就是发生精神病。弗洛伊德以精神病为隐意识的产品,而阿德勒则以精神病为隐意识的藉口。病人原来把自己和人生的价值都估错,预悬一种事实上难以达到的"幻想的目标"(fictitious goal)。目标本已定得过远,病人又发生精神病,使远者愈不可跂攀。用阿德勒的术语,生病者是于自己的能力和幻想的目标之中"造出距离"(to create a distance)。病人之生病是要造出一个"设若"(as if)世界做亡命之所。他仿佛说:"我不幸生了病。设若我不生病,我一定能成就很伟大的事业,我一定比某人强。生病自然不是我自己的过错。所以我对于自己的失败不能负责。"

性欲是在上意志的化装 弗洛伊德以为一切精神病原都在性欲被压抑,阿德勒以为一切精神病原都在缺陷感觉和"在上意志"的冲突,而性欲也只是"在上意志"的化装。例如手淫也是一种精神病征,弗洛伊德必归咎于性欲之乖常,而阿德勒的解释则适相反。他说男子不甘于倚赖女子,要表示自己无缺陷,才犯手淫。有时手淫是一种达到优胜的"纡回路径"。例如一个大家庭中的孩子被母亲忽视了,犯手淫后被母亲察觉,以后便时时惹她担心他。他发现要母亲照顾他,最好的方法是这种玩艺,所以不肯把这种恶习戒除。

性欲原于"在上意志"的道理还可以用另一实例说明。一位品学兼优的男子会钟爱一个性格很好的女子。他们订婚以后,男子监督他的未婚妻的教育,全凭自家理想,苛求过胜,女子不胜其烦扰,不得已要求解约。他大受激动,于是发生精神病。阿德勒以为他在未订婚前,隐意识中即早存独身终生的念头;女子未求解约时,他自己在隐意识中即早伏有解约动机,所以对于她的教育过于苛求。既解约以后,他的隐意识中有意永远打断婚姻的路,所以发生精神病。这话怎样解呢? 他原来是一个寡妇的儿子,幼时常和母亲吵闹，于是在不知不觉中发生自己无法驾驭妇人的印象。这种缺陷感觉暗中使他发生闪避婚姻的意志。无法驾驭妇女，是他的缺陷感觉；胜过妇女，是他的思想的目标。闪避婚姻，是他的达到目标的方法。这里我们也许疑问，他既欲闪避婚姻，何以又和那位女子发生恋爱而订婚呢？阿德勒说，这也是由于"在上意志"。他自觉不能驾驭妇人，而"男性的抗议"又提醒他想"我不应如此无能力"！所以他恋爱订婚，都是假面具，他的用意实在择一个值得征服的女子来征服一次！以表示他没有缺陷。

缺憾感觉与"在上意志"的冲突　弗洛伊德以为精神病远在儿童时代。就表面看，阿德勒的主张与此相同，观上例可知。但是弗洛伊德以为被抑压的是性欲，阿德勒以为被压抑的是"在上意志"，两人的观点究竟不能一致。依阿德勒看，患精神病者在儿童期就早有两种相反的倾向：一方面是为器官有缺陷，自知卑劣，所以性格中带有女子气，很柔顺，很怯懦；而另一方面又为"在上意志"所激动，不甘在人下，所以性格中又带有男子气，很顽强，很暴躁。这两种倾向不得平衡，女性的倾向要他柔顺，而男性的倾向又要他顽强，他不知所可，于是露出一种"踌躇态度"（hesitating attitude），遇事当断不断，徒为疑虑与忧惧所苦，其结果乃为精神病。患精神病者往往有"两重人格"（double personality），有耶勒所谓"分裂作用"，即由男性的倾向与女性的倾向之冲突，换句话说，即由缺陷感觉与"在上意志"之冲突。

梦的解释　阿德勒对梦的解释也与弗洛伊德和荣格不同。弗洛伊德只研究梦的原因，以为梦是隐意识中欲望藉化装而求满足。荣格着重梦的目的，以为梦是对于意识的警告，其源大半在"集团的隐意识"。阿德勒承认梦是化装，而却不承认它是欲望的满足；承认梦有目的，而却不承认它是警告。在他看，梦中心理生活和醒时心理生活是一气贯串的。在醒时心理生活中，我们一动一静，都针对某一种幻想的目标，都是为着解决"生活路径"（life-line）的困难，总而言之，都有一固定目的。梦是继续醒时工作的，所以醒时胸中所有待解决的难题，在梦中也还在盘旋心中。梦是一种寻求达到"幻想的目标"的"预计"（premeditation），所以我们有时可据梦以占未来。梦所以须用符号者，则因"幻想的目标"多含侵略性质，与意识尝相冲突，所以须藏在隐意识中，纵是要出现，也须戴着假面具。这种论调和阿德勒的相同。

梦既是寻求达到"幻想的目标"的预计，所以梦者的幻想的目标和对于某某问题的态度，不难从他作的梦见出。我们姑且举两个实例来说明。

一个患"空间惊惧"（agoraphobia）的店铺女主有一夜作这样的一个梦："我走进店铺，看见那班女伙都在那里打牌。"依阿德勒看，病人在作这梦时，实在是预计她病愈时如何整顿店中的纪律。她实在是这样想："一切事没有我都不行，你看我生了病，她们就漫无纪律。我病愈时要叫他们知道我的厉害！"她平素是一个极好胜的人，病时还常召店伙来听号令。她的目标是胜过旁人和发揭旁人的坏处，她的梦就是这种态度的返照。

梦大半是一种比喻（analogy）。有一位妇人因为恋爱她的姐夫，心境冲突的结果发生一种神经病。极容易动气，又尝为自杀念头所祟。有一夜她作了这样的梦："我在一个跳舞场里，穿着很标致的蓝色衣服，头发也梳得很漂亮，和我跳舞的是拿破仑。"这个女人名叫路易斯（Louise）。拿破仑的后妻也叫路易斯，他因为要娶路易斯，才和他的前妻约瑟芬（Josephine）离婚。如果依弗洛伊德，我们可以把这个梦看作性欲的表现，她似乎想她的姐夫做拿破仑，丢开她的姐来娶她。但是阿德勒说不然。病人心中只是要胜过她的姐，并非实在钟爱她的姐夫。她的姐夫比拿破仑因为她的"在上意志"不允她降格去应酬一个寻常男子。

精神病治疗　阿德勒对神经病原言之颇详,而对于治疗法则嫌简略。我们前已说过神经病之发生,由于病人对于自己和世界的估价都错误,把自己看得过高,把自己的缺陷看得过大,把幻想的目标定得太远。医生的第一步工作是应该从病征中寻出病人的"幻想的目标"所在,然后解释给他听,使他自己明了他的致病之由,使他对于现实有较精确的了解,对于自己与世界有较精确的估价。换句话说,阿德勒的治疗法不外打破病人的幻梦,叫他从空中楼阁还到现实界来。

教育的重要　医病不如防病。这话从阿德勒的观点看,尤其的确。所以他特别重视教育,尤其是家庭教育。许多精神病都伏源于幼稚时期,而其咎大半都在父母。父母养育子女,不失之过严,则失之过宽。失之过严,子女于是在无意中变成悲观者,对于自己以外的人物都怀着仇视与妒忌,所以预悬一幻想的优胜目标,目标太远不可跂攀,于是借神经病为脱卸责任的藉口。失之过宽,子女也变成妄自尊大者,处处都用横强霸道,要他人事事都如己意。这种骄生惯养的子女以后离开家庭到社会里去,也还希望社会像家庭一样合他的脾胃,稍受屈辱,便觉到"在上意志"和"缺陷情感"的冲突,其结果也往往为神经病。所以阿德勒以为为父母者都应懂得儿童心理,然后待遇子女,才可以宽严合度,既不压抑"在上意志",也不引起过度的"缺陷感觉",则子女的精神自然健康。阿德勒在他的《了解人性》一书中把这个道理说得最详。

个别心理学的态度　阿德勒不很依赖心理分析,他叫自己的心理学为"个别心理学"(individual psychology)以示区别。他主张研究心理学,不应纯取客观态度而泛论因果,应该着重主观的目的。主观的目的人各不同,所以研究者应取各个人的心理经验史来做研究对象。比如我们看见一个人在那儿跑。跑这一个行为不能仅用反射动作解释。有人为着逃难跑，有人为着寻乐跑，我们所看见的人究竟为什么跑呢？这个问题在心理学上是极重要的。要回答它，我们须把这个人的个别生命史知道清楚。知道他的生活路径何在，然后才可断定这"跑"的动作与生活路径的关系如何。以反射动作解释"跑"，是囿于因果律的心理学之任务，以生活路径解释跑，是个别心理学的任务。

阿德勒的学说和弗洛伊德的学说一样，都是新创的；惟其是新创的，所以一眼看去，似近离奇牵强。但是如果读他自己著的书，看他广征博引，言之凿凿，又不能不承认他的话纵然有些过火，实含有若干真理。

阿德勒学说的批评　弗洛伊德在他的《心理分析运动史》中对阿德勒的学说大肆攻击。他否认性欲是"在上意志"的变相。他说，"让我们来研究关于儿童欲的一个极重要的情境，就是儿童窥察成人性交的习惯。这种儿童的生命史后来如果经过医生分析，便可见出儿童窥察性交时心中存有两种情感；一种是（就男孩说）把自己放在男子的地位，而另一种是把自己放在女子的地位。这两种情感合起来才能尽窥察性交的旨趣。只有第一种情感才可以摆在"男性的抗议"项下，如果这个名词不是毫无意义。第二种情感对于后来神经病的影响还较大，而阿德勒则把它一笔抹煞了"。麦独孤对于阿德勒的批评也颇类此。他说人生来就有两种倾向，一是自尊（self-assertion），一是屈服（submission），前者是"积极的自我情感"（positive self-feeling），后者是"消极的自我情感"，二者对于性格之发生同样重要。阿德勒没有顾到"消极的自我情感"。

弗洛伊德又谓神经病不尽由于器官缺陷。他见过许多患神经病的女子比常人还更美丽，而许多丑恶残弱者也并不流为神经病。

从此可知阿德勒的话不可尽信。而且如果一切都如他所说，则世界全是竞争舞台，人与人相仇视，相妒忌，而恩爱便无从而来。这也是阿德勒学说的缺点。

弗洛伊德派学者嘲笑阿德勒的心理学，往往说它是阿德勒自己的心理之表现。他知道缺陷器官可以影响性格，因为他自己身材短小；他以为个个人都受"在上意志"驱遣，因为他自己尝妒忌他的先生独享盛名。这种批评虽带有嘲笑趣味，可是很可以助我们懂得阿德勒。

我们平心而论，弗洛伊德偏重性欲，阿德勒偏重"在上意志"，都未免各走极端，可是双方也都见到一面真理。我们不可因为他们的话很离奇，而便斥为荒谬。

第九章　普林斯

　　英美派　近代变态心理学有两大潮流,一为着重潜意识现象的法国派,一为着重隐意识现象的弗洛伊德派,既如上述。这两大潮流都发源于欧洲大陆。英美学者对变态心理学的贡献虽亦斐然可观,但是他们的工作大半是发挥的,不是创始的。所以严格的说,英美派只是上述两大潮流的余波。英美派最重要的代表为普林斯、芮孚司和麦独孤三人,拿他们和欧洲大陆学者比较,有一个极鲜明的异点。大陆学者大半是以医生去研究变态心理,而英美派三大代表虽也都是医生,但是都以心理学家的资格去研究变态心理。因此,英美派学者能把变态心理学纳入范围较大的"心理学"里去,而大陆派学者则藐视"经院式"的心理学,没有把变态心理学和常态心理学的关系指点出来。所以麦独孤提议称英美派变态心理学者为"心理学派"（psychological school）。

英美派三代表中最重要的自然是美国人普林斯。他的著述极富，以《无意识》及《一个人格的分裂》两部为最重要。他可以说是继承法国耶勒的，因为他也特重潜意识现象，而解释潜意识也是用"分裂作用"。他的最大的贡献在说明"并存意识"（co-consciousness）。要懂得他所谓"并存意识"，我们须先明了他的记忆说。

记忆的阶段　通常所谓"记忆"（memory）大半专指印象的复现。普林斯说，印象的复现只是记忆的最后阶段。记忆是有历程的作用（process），须有三阶段。第一阶段是"登记"（registration），第二阶段是"保留"（conservation），第三阶段才是"复现"（reproduction）。比如我记得昨天所看的蔷薇花，看时印象须"登记"在脑里，而且要在脑里"保留"住，此刻它才能"复现"。三者缺一都不能成为记忆。印象（或观念）是心理作用的产品，而"保留"时则暂时失其"心理的"性质而专附丽于生理的"神经痕"（neurogram）上。后来情境凑巧，"神经痕"受刺激，则原来潜在的观念变为实在的观念，于是记忆作用乃完成。

意识的记忆和生理的记忆　通常心理学家把"记忆"看作完全属于意识的，普林斯则不谓然。意识所察觉到的"观念"固可登记、保留和复现，意识所不能察觉的经验也可以登记、保留和复现。比如我此时记忆昨日和人争辩的经过，不特昨日所意识到的情感和观念此时都在意识中复现，昨日所未曾意识到的伴着情感的生理变化，如血液循环的变迁和各种血液的流动等等，此时也还伴着复现的情感而复现。普林斯把前者称为"意识的记忆"（conscious memory），后者称为"生理的记忆"（physiological memory）。意识的记忆受高等神经中枢管辖，生理的记忆则受脊椎神经管辖，二者功用虽不同，而所本原理则一。

何谓无意识　普林斯着重"神经痕"的保留作用，因为要藉以解释"生理的记忆";他着重"生理的记忆",因为要藉以解释潜意识现象。他把"潜意识"(the sub-conscious)分为"并存意识"(the co-conscious)和"无意识"(the unconscious)两种。"并存意识"待下文详解。"无意识"包含两大成分,一为曾在意识中而现在保留于神经痕的经验,一为始终不入意识境界而只保留于神经痕的经验,换句话说,"无意识"就是未到"复现"阶段的"意识的记忆"和"生理的记忆"的全部。

联络作用 "记忆"与"联络作用"(association)是相关的。从前心理学家说到联络作用,其意都仅指观念之联络,所以在中文中联络作用通常都称"联想作用"。"联想"自然是高级神经中枢的作用。普林斯以为联络作用在低级神经中枢中也可同样进行。所以意识不曾察觉到的经验也可以在神经系统中和其他类似经验相联络。换句话说,意识中也可以有系统(system),也可以有所谓"情意综"(complexes),而这种"情意综"也可以独立发展。

心理学上的意义 "意义"(meaning)是联络作用的产品。独立的观念决不能有意义。比如说,你问我"甲是什么?",我回答说,"甲就是甲",你对于"甲"的意义仍是茫然。"甲"观念如果要有意义,必须和"乙"、"丙"、"丁"诸观念生关系。比如说"甲是乙的父亲",或者说"甲是丙的原因","甲"就有意义了。心理学上的"意义"和名学上的"意义"须分别清楚。名学上的"意义"是客观的,是普通的,而心理学上的意义则为主观的,同是一件事物,你和我所有的意义不必相同。比如有一条蛇在这里,甲把它看作"爬虫类动物,可以取来解剖的",乙把它看作"曾经咬过人的动物,是不可向迩的",丙把它看作"性欲的象征"。各人所见不同,因为各人的过去经验不同。意义就是过去经验的缩影。过去经验就是意义的背景(setting)。我们也可以说,各人所有的意义不同,因为兴趣不同,因为反应方法不同。所以"意义"是含有情感成分的,不仅是关于知的,也是关于行动的。

我们何以要解释"意义"呢？因为懂得"意义",然后才可懂得潜意识。"意义"在普林斯的心理学中和"来比多"在弗洛伊德的心理学中几同样重要。弗洛伊德以"来比多"解释者,普林斯则以"意义"解释之。

意义和符号　"意义"虽是过去经验的缩影,而过去经验使某观念发生"意义"时,它并非全部的复现于意识中,比如望梅而思及止渴,心中不但把临时所感触到的形式忽略过去,即已往对于梅所有的经验也只隐隐约约的复现于记忆里。所以"梅"的观念,只是"梅"所含"意义"的符号,每顷刻的意识是全体经验的符号。换句话说,每顷刻的意识虽甚窄狭,而它所指的"意义"则甚宽泛。

何谓潜意识　每顷刻中某情境或某事物的意义只有小部分占住意识中心,其余大部分都在意识的边缘(fringe)。何者在中心,何者在边缘,则随当时情境所引起的兴趣为转移。在边缘的意识也有深浅浓淡的分别。离中心愈远,则意识愈稀薄。顺次降下,到最后必抵边缘以外。边缘以外为"无意识"。中心意识有自觉(self-awareness),边缘意识无自觉。普林斯所谓"潜意识"乃统括边缘意识和边缘以外的无意识而言。

第二意识　边缘意识是普林斯所特别注意的,而且是很费解的现象。说它是"意识"么？它是自我临时所没有察觉到的。说它不是"意识"么？而它又可用催眠术召回到记忆中来。比如我陪一个女子喝茶谈话,过后你问我她穿的衣是怎样形式颜色,我不曾注意到,所以不能回答你。可是如果你把我催眠了(这就是说使我的中心意识暂时失其作用),则我有时可以把她的衣服描写得一字不差。这可证明边缘意识当时虽不为自我所察觉,而却仍不失其为意识;不然,它决不能在催眠状态中复现于意识,普林斯称这种边缘意识为"第二意识"(secondary consciousness),而中心意识则为

"第一意识"（primary consciousness）。

并存意识的例　第二意识就是"并存意识"之一种。或者说精密一点咧，就是"并存意识"的萌芽。普通人都有"并存意识"，因为意识的综合力强，"并存意识"附属在"第一意识"之下，不独立露头角，所以有而不觉其有。在心理有变态的人中，"并存意识"往往因分裂起用（dissociation）而脱离了"第一意识"独立营生，于是有种种病态。最普通的例是迷狂症的部分麻木。比如说麻木的部分是皮肤，你用针刺病人，他也毫不觉得，虽然你叫他极力把注意力集中在被刺部分。可是如果你把他催眠了，他就记起针刺的感觉，他就记起针刺时心中有两重意识，被针刺的经验只印入"并存意识"，这个"并存意识"当时虽不为自我所察觉，而现在催眠中则因"第一意识"失作用而得复现。如果不用催眠，用"自动书写"（automatic writing），也可证明"并存意识"之存在。摆一枝笔在病人手里，同时用针刺他，他的意识中虽没有痛感，而手则在写被针刺的经验，他既能描写，就非"无意识"。后催眠的暗示也是一个"并存意识"的好例。你告诉受催眠的人说"你醒后须得做这件事做那件事"，他醒后果然照办；可是你如果问他何故做那件事，他也莫明其妙，有时他能因后催眠的暗示做很复杂的举动，自然不能不用意识，可是这种意识是分裂开来的"并存意识"，所以自我不觉其存在。

三种可分裂的系统　普林斯分联络系统（systems）为三种，而每种都可因分裂作用而脱离第一意识。（一）我的兴趣是多方的。研究变态心理、打网球、经理某店铺的生意。这三项事性质不同，我对于每项所用思考，所感情绪，所发动作，都各不相同。所以每项在我的心理生活中都自成系统，就是普林斯所谓"主者系统"（subject systems）。在心理健全时，我可以把三种活动综合在一块，使它们并行不悖。但是在心理起变态时，我可以因分裂作用而把某一系统（比如说打网球）完全遗忘。普林斯所诊治的 Miss Beauchamp 本来精通法文，在她病症发作时，对于法文的知识完全忘记，是一个好例。（二）我有一个时期做学生，有一个时期经商，有一个时期陪朋友在外国游历。这几个时期的经验尝因时间接近的关系而自各成系统，就是普林斯所谓"时期系统"（chronological systems）。时期系统也可因分裂作用而被遗忘。例如 J 夫人在九年前曾经过一次精神上的大激动，现在受了催眠，把这九年中的经验都完全忘记。（三）上述两系统以外又有"情趣系统"（mood systems）。各个人生来就有一种自然倾向，就有一种"脾胃"。他的希望和活动在无形中都受这种自然倾向影响。但是有时他所处的地位，所做的事业或与他的脾胃不相容，比如他本来好浪漫生活，因为做了牧师，不得不摆起堂堂道貌。在变态心理中这种"情趣系统"可以因分裂作用另成一重人格。比如博向女士本来是严肃沉静的，到第二重人格出现时便异常粗暴浮躁。

分裂的原因 迷狂症、睡行症和多重人格中的分裂作用都不出上述三种。现在我们要问：心理上何以要起分裂作用呢？我们在第四章中已说过耶勒的答案。在耶勒看，分裂作用，犹如心力水平线之低降，与意识的综合力之薄弱。精神病都起于激烈情感之后，就因为激烈情感最耗费心力。普林斯对于此说颇置疑。患精神病者并不完全缺乏综合力。如果完全缺乏综合力，则所有系统都应分裂成为一盘散沙。但是征诸事实，则殊不然。比如患两重人格者，两种人格虽分裂，而第一重人格和第二重人格中所含系统仍各综合在一块。换句话说，全人格虽分裂为第一重人格和第二重人格，而第一重人格和第二重人格自身则都没有分裂。这件事实显足证明分裂作用不能用综合力薄弱之说解释。

冲突作用 普林斯所用以解释分裂作用者为"冲突"（Conflict)或"排挤"(inhibition)。心无二用,听奕秋便不能看鸿鹄,看鸿鹄便不能听奕秋。这两种活动互相冲突,非甲排挤乙,则乙排挤甲。"排挤"现象在情感发动时尤其剧烈。比如发怒时,全副精神都注在一个对象上,听不见四围的声音,看不见四围的人物,就是自己身体器官的变化,也完全不觉得。平时讲礼貌,怒时顾不及礼貌;平时讲理性,怒时也顾不及理性。总之,怒的情感把其他一切情感都排挤去,所怒的人或物的观念把其他一切观念都排挤去。由此例推,情感愈激烈,意识范围愈缩小(the contraction of consciousness);到极点时,只有一个观念占住意识,这种状态术语上叫做"独存观念"(monoideism),是迷狂症的特征。

这种排挤只是暂时的。有时排挤现象是很长久的。比如兵士们把侵略斗争的本能尽量发达,最后成了习惯,其他本能情感如恻隐畏避等等遂逐渐消灭。再如虔信宗教的人尽量发展宗教情感,以后与宗教无关的事物便不能引起他的兴趣。习惯和情感都是长久的心理作用,习惯和情感的养成,就是排挤作用的进行。

排挤何以必致分裂 "排挤"何以必致"分裂"呢?换句话说,甲将乙排挤去,乙何以仍能独立营生,而且有时还可逐甲而夺回意识阈呢?

本能的排挤和情操的排挤 这里我们应说明本能的排挤和情操的排挤的不同。本能很少完全被排挤。如果它完全被排挤,它便难再见天日。因为本能是单纯的冲动,被排挤就是被毁灭,不能留"神经痕"为复活的伏线。情操是情感和观念的混合物。凡观念都留有"神经痕"。所以情操虽被压抑,而附丽于情操的情感还可以依附情操所包含的观念而潜在于"神经痕"。后来它的排挤者如果因某种情形而失却势力,则情操还可因观念复现而复现。情操被排挤后,有潜在及复现的可能,就是分裂作用的可能。

潜意识的扩大 单独情操被排挤,还不能形成第二重人格,它只是第二重人格的雏形。普林斯定了一条很重要的原则，就是，"凡被排挤的情操、机能或观念可吸收其他类似相关的情操、机能或观念而增长滋大。"潜意识好像常常"掠夺"意识以自肥。因此意识范围愈缩小，潜意识范围愈扩大。

例一　我们最好举一实例来说明这个原则。普林斯尝用催眠暗示，使一位病妇把一位名为 August 的男子忘记。在英文中八月份也叫做 August（她所要排挤的只是人名 August），可是后来她连月名 August 也忘记了，问她七月以后九月以前的月名，她瞠目不知所对。在此例中，潜意识中人名 August，把原在意识中的月名 August"掠夺"去了。诸被排挤的情操、机能或观念以类相聚，成新系统，复"掠夺"意识中类似相关的情操观念或机能以自肥，久而久之，遂形成两重人格或多重人格。

例二　情感过度激烈时，心中只有一个观念，其余一切都被排挤去，于是意识分裂为两重。以后情感降下，被排挤的观念机能和情操又从遗忘中涌回到记忆中，而原来排挤者遂变为被排挤者。所以初生精神病时的一段生活史在当时虽极热烈鲜明，而在精神复原时则完全被日常意识排挤到潜意识里去。病人尝忘记生病的经过即由于此。普林斯尝治一个怕见钟楼的病妇，问她何以要怕钟楼，她完全不知道。他仔细研究，发见这个病源远伏在二十五年以前。那时她才十五岁，她的母亲患重病，医治无效。病室旁边有一座钟楼。她的母亲临死时，适逢钟鸣。钟声和当时的悲感发生了联想。她的心中又有一种幻想，以为母亲的死应归咎于她的侍奉不周到。以后她不愿回想这一段痛史，所以把它忘记。但是母死时情况虽忘记，而哀感则依旧存在，依旧和钟声生联想。这个关系有如下图：

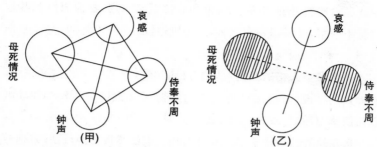

（甲）　　　　　　　　　　　（乙）

甲图代表精神病发源时情感与观念的关系。乙图代表分裂作用后
的情感与观念的关系。病人怕想起"侍奉不周"，所以把"母死情
况"完全忘记。"侍奉不周"和"母死情况"的观念与情感遂在潜意
识中自成一系统，而原来哀感则依附钟声的观念而存在，所以听钟
声虽不能回忆母死情况而却可引起母死时的哀感。

精神病似后催眠暗示　这种现象，如以弗洛伊德的观点看，是
由于压抑作用。"侍奉不周"是一种罪恶意识，是引起痛感的记忆。
想起"母死情况"，不免想起"侍奉不周"，所以意识作用故意把它们
压抑下去。普林斯所谓"冲突"和弗洛伊德所谓"压抑"似相同而实
有别。据弗洛伊德，意识即可以检察隐意识，则二者之中实在仍无
裂痕；据普林斯，主意识和副意识既分裂，此出则彼没，好像是遵照
"两物不能同时并在于一空间"的物理定律一样，并非有意互相压
抑，更谈不上"检察"。遗忘悲痛记忆一类的病症，普林斯以为类似
"后催眠暗示"。行后催眠暗示时，告诉受催眠者说，"你醒后须打
开某书某页"。他醒后果然照行，可是他对于催眠中所受命令并不
记忆，问他何以要打开某书某页，他自己是莫明其妙的。照普林斯
看，催眠中所暗示的一个观念（即打开某书某页）在潜意识中把关
于催眠经过的观念一齐排挤去了。换句话说，受催眠者承受暗示
观念时，注意专一，其他观念都不在心头，所以暗示的观念没有和
其他观念发生联络。二者之中既无联络，所以甲复现时，乙不能复

现。患精神病者的悲痛记忆,也和后催眠暗示之观念一样,和其他经验不联络,所以像参商二星,此出则彼没。

一个多重人格的实例 以上仅述学理,现举一个实例来说明。普林斯的学说,完全根据他所诊治的博向女士(Miss Beauchamp,以后简称 B)的生命史。现在撮述其要。

B 在幼时遭遇极不幸。父母不和。她虽然极力博母亲的欢心,而母亲待她常极苛刻。她尝遭家庭变故,母亲死后,她更觉得家庭乏趣,所以私逃到一个医院里去当看护妇。在她十八岁时(1893),有一夜大风暴,她坐在看护妇室里,猛然看见窗外有人伸头探望。她初以为只是幻觉,但是仔细一看,发见伸头的人就是她的爱人 J君。原来 J 君并不住在那个镇上,那晚到纽约去,路经此地,随意走到医院门口,看见旁边靠有梯子,便翻过墙进来探望。大风雨之夜突如其来的男子面孔,本可叫神经衰弱的女子受惊。何况她平时很纯洁自好,和 J 君也只有一种"柏拉图式的爱",J 君这种举动又是她的良心所不允许的呢? 结果,她经过一番极强烈的情感激动,以后她的性格便完全变过,较从前恍若两人。

这个新性格保持到六年之久(十八岁至二十三岁)。她就诊于普林斯就在这个时期之末(1898)。他把这一个时期 B 的性格简称为 BI。

普林斯用催眠术来疗治她。在催眠状态中 B 的性格与 BI 无大差异。他把催眠状态中的 BI 叫做 BIa。

但是后来在较深的催眠状态中 B 又露出另一个新性格,与 BIa完全不同。BIa 只是 BI 受了催眠,而这个新性格则与 BI 相反,而且不在催眠中也尝出现。在 B 这第三期状态中自称为 Sally,而称BI 则为"她",把她看作不是自己而另是一个人。普林斯称 Sally 为BIII。此后 BI 和 BIII 尝相更班交替,此来则彼去。

可是 B 的性格变化还不仅如此。她在二十四岁时(1899),即就诊的第二年,有一晚普林斯去看她,她忽然把他误认为七年前使她受惊的 J 君。这种幻觉又叫她经过一番情感上的激动,而 B 又露出一个叫做 BIV 的新性格,与 BI 和 BIII 都不同。此后 BI,BI-II,BIV 三重人格互相更番,一个现在意识阈则其他两个便退到潜意识里去。BIII 尝讥嘲 BIV,说她是"傻子"。

总而言之,B 女士现有三重人格。一为 BI,一为自称 Sally 的 BIII,一为 Sally 给诨号叫"傻子"的 BIV。现在把这三重不同的人格略加描写。

普林斯称 BI 为"圣人"(saint)的性格。她很虔信宗教,刻苦自励,虽不好社交而却温文有礼,不易动气。她在学校里成绩最好,得了奖品,觉得自己更应特别用功。教师们劝她游戏,她总是不肯丢开书本子。

BIV 所具的是"女人"的性格。她性情很暴躁,稍不如意,便和人争吵,她很自私自利,而且野心很大,好社交,喜活动,对于宗教和学问,丝毫不感趣味,与 BI 恰相反。就体格言,BI 很脆弱,易感疲倦;BIV 则极强健,很能耐劳。

BIII 或 Sally 所具的是"孩子"的性格,她极好玩,对于游水、踢球种种户外运动特别起劲。她很粗俗不知礼貌,欢喜恶作剧,比如称 BIV 为"傻子"。B 原来受过很高的教育,通拉丁文和法文,Sally 则完全是一个没有受过教育的女子,拉丁文和法文都不知道。B 平时写字很清秀,Sally 的笔法则很粗拙。

B 已有三重人格,后 BIV 受深催眠,又另有一重人格出现,普林斯称之为 BII。就性格论,BII 是 BI 和 BIV 综合而成的。她(BII)一方面没有 BI 的羞涩颓丧和宗教热,而另一方面也没有 BIV 的暴躁轻浮和自私。她处世很和平坦白,言动也自然合度。总之,她兼有 BI 和 BIV 的优点而没有她们的劣点。至于 Sally 或 BIII 的性格在 BII 中完全没有痕迹,这就是说,BII 现于意识时,BIII 整个的退到潜意识里去。

这四重人格的彼此关系最值得注意。BI 和 BIV 漠不相识。B 为 BIV 时对于 BI 出现时代(十八岁至二十三岁)六年的历史完全茫然。她回到 BI 时,也忘记为 BIV 时所有的经验。BI 和 BIV 都不识 Sally 或 BIII,而 BIII 则能识 BI 与 BIV。Sally 尝做自传,说自己对于 BI 和 BIV 的经验都能记得清楚,只是觉得它们不是自己的。她说:"她们的情感和知觉我虽能意识到。可是那些究竟是她们的。我自己的意识之流和她们是绝不相混。"BII 和其他三重人格的关系也很有趣。她意识到 BI 和 BIV 的经验,而 BI 和 BIV 则不能意识到她的经验。她不能意识到 BIII 的经验,而 BIII 则能意识到她的经验。这几重人格的相互关系初看颇复杂易混。看下图较易明了:

图中→号表示意识的方向,例如 BIII→BII,所谓 BIII 能意识到 BII 的经验,而 BII 则不能意识到 BIII 的经验。

普林斯把 BII 看作 B 的真相。BII 经过分裂作用而后有 BI 和 BIV。B 的精神病就由于 BI 和 BIV 不能和翕。BI 和 BIV 复合为 BII 以后,则 B 的精神恢复常态。普林斯以为医生的任务即在由分裂的人格中求出原来健全的人格,换句话说,即在把已分裂的两重或多重人格综合还原到一重人格。

我们没有解释 BIII。BIII 或 Sally 是如何发生出来的呢?我们上文已说过 BIII 是"孩子"的性格。普林斯以为 B 在孩子时,BII 尚未形成,其性格为 BIII。BII 既形成以后,BIII 的孩子气与 BII 的成人心理不相容,所以退后于潜意识里去了。如果 BII 不分裂,BIII 永无出头希望。BII 既分裂,原来排挤 BIII 的性格不复存在,所以 BIII 又尝露头角。BI 和 BIV 复合为 BII 时,排挤 BIII 的力量又还原,所以 BIII 遂不复出现。

普林斯学说的批评　就大体说,普林斯的思路是和耶勒一致的。他们的学说中心同是"分裂作用"。普林斯又新添"并存意识"一个概念。这个概念也有许多难点,麦独孤(见 Proceeding of Society of Psychical Research,vol. XIX 和 vol. XXXI)和密琪尔(见 T. W. Mitchell's Self and Co-consciousness,载在 Problems of Personality 中)诸人已详细讨论过。我们最好就上例来说明这种难点。

BI 和 BIV 可以说是从 BII 分裂出来的,而 BIII 则不能称为分裂作用的结果,因为 BIII 根本就没曾和 BII 联络在一气。如果执"分裂作用"一条原理以解释一切,BIII 如何生展,就不免有些费解。

其次,诸重人格的关系何以不同?我们已说过,BI 和 BIV 互不相识,此出则彼没这种现象是可以分裂作用解释的。BIII 能意识到 BI 和 BIV 的经验,而 BI 和 BIV 则不能意识到 BIII 的经验。从 BI 和 BIV 的观点看,BIII 可以说是分裂开来的;从 BIII 的观点看,BI 和 BIV 很难说是分裂开来的,这也是一个大难题。

不仅如是。BIII 能意识到 BI 和 BIV 的经验,而又觉得其非己有。普林斯把这件事实看作"并存意识"的证据。但是两个意识如可同时并存,它们的"主者"或"自我"(subject or ego)是一个还是两个呢?换一句话说,B 女士为 BIII 时,自然能意识到 BIII,而同时又意识到 BI 和 BIV,意识 BIII 的"自我"是否与意识 BI 和 BIV 的"自我"相同呢?如不相同,则吾人不仅可有多重人格,而且可有许多"自我"。承认一人可有许多"自我",不免引起许多难解决的问题。如相同,则普林斯的中心意识有自觉而边缘意识无自觉之说不能成立。严格说来,有意识必有意识者,有"觉"(awareness)必有"自"(self),无自觉的意识是一个自相矛盾的名词。

附一

参考书籍

第二章

1. J. M. Charcot: Oeuvres Completes. (Chateauvoux. Paris, 1885-90)

2. A. A. Liébeault: Du Sommeil et des états Analogues. (Paris, 1866)

3. A. A. Liébeault: Thérapeutique Suggestive. (Paris, 1891)

4. Bernheim: De la Suggestion et de ses Applications à la Thérapeautique. (Evreax, Paris, 1886)

英译本 by C. A. Herter. (London, 1890)

5. Bernheim: Hypnotisme, Suggestion, Psychothérapie, études Nouvelles. (Doin, Paris, 1891)

6. P. Janet: Médications Psychologiques Part II.

第三章

1. E. Coué: My Method. (Heine Mann, London, 1923)

2. E. Coué: Self-Mastery. (Allen & Unwin, London, 1923)

3. Charles Baudouin: Suggestion et Autosuggestion. (Neuchâtel, Paris, 1920)

英译本 by Paul. (Allen & Unwin, 1924)

4. Charles Baudouin: Études de Psychoanalyse. (Neuchâtel, 1922)

英译本(同上, 1922).

5. Charles Baudouin: Psychoanalysis and Aesthetics. (Paul 译, 同上, 1924)

第四章

1. Pierre Janet: L'automatisme Psychologique. (Paris, 1889)

2. P. Janet: Etats Mental des Hystériques. (Paris, 1895)

英译本 by C. R. Corson. (New York 1910)

3. P. Janet: Les M'edications Psychologiques (Alcan, Paris, 1919)

英译本 "Psychological Healing" by Paul. (Allen & Unwin, 1925)

4. P. Janet: The Major Symptoms of Hysteria. (NewYork,

1920）

5. P. Jenet: Psychologie Expérimental et Comparée. (Paris, 1926)

第五章、第六章

1. Sigmund Freud: The Interpretation of Dreams. (Brill 译, Allen & Unwin, 1913)

2. S. Freud: Psychopathology of Everyday Life. (Brill 译, Fisher & Unwin, 1914)

3. S. Freud: Introductory Lectures on Psychoanalysis. (Allen & Unwin)

4. S. Freud: Three Contributions to The Sexual Theory, 2nd Edition. (New York, 1917)

5. S. Freud: Totem and Taboo. (Brill 译, London, 1919)

6. S. Freud: Wit and its Relations to the Unconscious. (Brill 译, Allen and Unwin, 1922)

7. S. Freud: Group Psychology & the Analysis of the Ego. (Hogarth Press, 1922)

8. S. Freud: Beyond the Pleasure Principle. (London, 1922)

9. S. Freud: Collected Papers, Vols I—IV. (Hogarth, 1924—25)

10. S. Freud: The History of the Psychoanalystic Movement. (Brill 译, New York, 1917)

11. F. Whittels: Sigmund Freud. (Allen & Unwin, 1924)

第七章

1. C. G. Jung：Psychology of the Unconscious. (Hinke 译，New York，1916)

2. C. G. Jung：Collected Papers on Analytic Psychology. (C. E. Long 译，London，1917)

3. C. G. Jung：Psychological Types. (Baynes 译，London，1923)

4. Van de Hoop：Character and the Unconscious. (Kegan Paul，1923)

5. J. Corrie：A. B. C. of Jung'S Psychology. (Kegan Paul，1927)

第八章

1. Alfred Adler：The Neurotic Constitution. (Kegan Paul，1921)

2. A. Adler：The Practice & Theory of Individual Psychology. (Kegan Paul，1924)

3. A. Adler：Studies in Organ Inferiority. (Jelliffe 译，New York，1920)

4. A. Adler：Understanding Human Nature. (Wolfe 译，London，1927)

5. Mairet：A. B. C. of Adler'S Psychology. (Kegan Paul，1928)

第九章

1. Morton Prince：The Dissociation of a Personality. (Long-

mans,1906)

2. M. Prince: The Unconscious. (Macmillan,1924)

3. M. Prince: The Theory of the Psychogenesis of Multiple Personality. (Journal of Abnormal Psychology,1920)

4. Taylor: Morton Prince and Abnormal Psychology. (London,1928)

附二

一个简要的书目

（甲）　本编所已介绍者

1. Bernheim：De la Suggestion et de ses Applications à la Therapeutique.

2. Baudouin：Suggestion et Autosuggestion.

3. Janet：Les Médications Psychologiques.

4. Janet：The Major Symptoms of Hysteria.

5. Freud：The Interpretation of Dreams.

6. Freud：Introductory Lectures on Psychoanalysis.

7. Jung：Collected Papers on Analytical Psychology.

8. Jung：Psychological Types.

9. Adler：The Practice and Theory of Individual Psychology.

10. Adler：The Neurotic Constitution.

11. Morton Prince：The Uncouscious.

12. Morton Prince：The Dissociation of a Personality.

（乙）本编所未介绍者

1. K. Abraham：Dream & Myths.（Nervous & Mental Disease Publishing Co. New York，1913）

2. A. Binet：La Suggestibilité（载 Bibliothéque de Pédagogie et Psychologie，Paris，1900）

3. A. A. Brill：Psychoanalysis.（Saunders，London，1914）

4. Campbell & Others：Problems of Personality.（Kegan Paul，London，1925）

5. S. Ferenczi：Contributions to Psychoanalysis.（Gorham Press，Boston 1916）

6. J. C. Flügel：The Psychoanalytic Study of the Family.（Hogarth Press，London，1912）

7. B. Hart：The Psychology of Insanity.（Cambridge Press，1919）

8. E. Jones：Papers on Psychoanalysis.（Baillière Tindall & Cox，London，1918）

9. E. Kraepelin：Lectures on Clinical Psychiatry.（同上，1913）

10. W. McDougall：Outline of Abnormal Psychology.（Mathven，London，1926）

11. T. W. Mitchell：The Psychology of Medicine.（同上，1921）

12. Otto Kauk: The Myth of the Birth of the Hero. (Nervous & Mental Disease Publishing Co. ,NewYork,1926)

13. W. H. R. Rivers: Instinct and the Unconscious. (Combridge Press,1922)

14. B. Sidis & S. P. Goodhart:Multiple Personality. (Appleton, New York,1919)

15. W. S. Taylor: Reading in Abnormal Psychology. (同上, 1927)

16. W. Trotter:The Instincts of the Herd in Peace and War. (Macmillan,London,1916)

17. W. A. White: Outline of Psychiatry. (Macmillan, New York,1925)

18. The Unconscious:A Symposium by Watson,Koffka & Others,Editied by Dummer. (New York,1927)

19. The International Journal of Psychoanalysis. (Baillièrc, Tindall and Cox,London)

20. J. Rickwan: Index Psychoanlyticus: 1893-1926. (Hogarth Press,London,1927)

变态心理学

自　序

近来我国研究心理学的风气很盛，而变态心理学一科至今还没有一部专书讨论，这是一件很奇怪的事，因为就目前学术状况看来，许多科学和技艺离开变态心理学都不免是一大缺陷。例如以医为职业的人少不得要懂得精神病如何发生，如何治疗；以教育为职业的人少不得要懂得儿童心理发展所常遇见的危险以及心理卫生；以法律为职业的人少不得要懂得罪人犯罪时精神是否错乱和一般犯罪的动机；研究社会学和民族学的人少不得要懂得神话的起源，以及宗教和"图腾"、"特怖"的关系；研究文艺的人少不得要懂得升华作用以及隐意识中的情欲生活。不但是学术专家，就是一般做父母的人也须明白儿童性欲发展的过程，才好设法避免"情意综"的形成与精神失常的种因。总而言之，凡是做人的人都要明白心理的危险，都要明白如何保持精神的健康，才可以替自己、替社会造幸福。所以研究变态心理学是一件急不容缓的事。

这部小册子的目的就在使一般人明了二十世纪一门极重要的科学。不过编者入手就感到一个很大的困难，就是像其他科学一样，变态心理学还是在生长，各家所采的观点不同，所得的学说也就彼此异趋，所以严格地说，目前就有许多变态心理学。编变态心理学的人究竟怎样办呢？就欧美所出版的变态心理学书籍看来，编述的方法可分三种：

一、自己是一位专家，有独到研究，于是专陈自己的学说，对于旁人的学说或加以批评，或简直置之不理。

二、自己虽然也是一个专家，可是并无独到研究，于是依附一位大师，专阐明他一家的学说，把旁人的学说也一齐抹煞。

三、自己是专家或不是专家，没有独到研究，于是搜罗诸家之说，凭己意取其精华熔冶于一炉，铸成一种教科书式的东西。

这部小册子的编者的学力薄弱，第一种编法自然不是他所能办得到的，第二种编法他以为过于武断，第三种编法他以为过于芜杂。所以他所采的编法又另是一种。他一方面想不偏重一家之言而抹煞一切其他的学说，而同时又想不勉强把性质不同的东西不分皂白地混在一起。他的最大的目的是在使读者明白变态心理学不是一堆死板的事实，也不是一堆腐朽的成见，而是一门正在生长的含有许多有趣问题的科学。

一般编教科书的人往往开头就下定义，这部小册子开头就是"历史的回溯"，用意就在使读者免去一般人对于科学的误解。"科学"的目的是在回答人类对于自然现象的疑问，要替一切事物寻出理由来。例如物体遇热就要膨胀，小孩子被火烧过指头以后就怕触火，这都是自然界的事实。这些事实何以要发生呢？它们的原因如何呢？结果如何呢？和其他事实的关系如何呢？这些问题都是科学所要解答的。这种解答通常叫做"学说"或"理论"（theory）。同是一个问题，答案可以随时代而异，可以随人而异。例如世界是从何而来的呢？神权时代的人们说它是上帝创造的，近代科学家说它是进化来的。进化的方法如何，说法又各不同。同是一个问题而有许多答案，同是一件事实而有许多解释，究竟谁是谁非呢？科学上的是非也是比较的而不是绝对的。一个学说所能解释的事例愈多，愈能与人类全体知识相融贯，它的"是"的可能性也就愈大。如果人类知识已经是完备了，世界中没有一件事物成为问题了，那么，每件事实都只能有一个"学说"，而每个学说也都是绝对的真理。但是不幸得很，——同时也是幸运得很——人类知识并没有完备，许多问题还在待答案，许多事实还在待解释，所以已知事实的解释是否与未知事实相融贯，还在不可知之列。因此，假如同样问题有许多不同的答案，假如我们现在还不能拿已知事实证明某一个答案不合理，我们对于这许多答案便不应有所偏袒，说这个学说绝对地"是"而那个学说绝对地"非"。

同一问题可以有许多不同的答案，就是同类事实可以有许多不同的科学。"科学"这个词严格说来，就要写成复数。例如最完备的科学莫过于几何学。从前人都以为欧几里得几何学之外便无所谓几何学，近代学者才发现欧几里得不过是许多可能的几何学中的一种。几何学已如此，较幼稚的科学更不待言了。

因此，所谓"科学"有两大特点：第一，它的答案大半是假说，我们应该时时把它拿来和事实相参较，看它是否说得通，不应该把它看作一成不变的；第二，它是有复数的，无论哪一种科学都不能挂"只此一家，谨防假冒"的招牌。一般人的误解就在没有明白这两点。所以教科书的编者都把每种科学当作一成不变的金科玉律传授给学者，不消说得，开头是"定义"，收尾是"结论"。他们不知道，或者他们不要学者知道，在许多科学之中，"义"既未"定"，"论"也并未了"结"。

这种情形在心理学方面尤其显著。心理学还是一门很幼稚的科学。在这门科学中努力的人们不但答案各各不同,连问题也不一致;不但研究对象不同,连方法也没有一定。同是心理学家,有人要研究"心",有人不要研究"心";同是要研究"心"的心理学家,有人偏重知觉和观念,有人偏重情感和本能。出发点不同,所建筑起来的心理学也就五光十彩。假如你是重视目的论者,猛然打开行为派的著作,你会疑惑他们不是在谈心理;假如你是行为派,猛然打开完形派的著作,又觉得走进一个陌生的园地去了。

变态心理学是心理学的一部分,这个园地里也有许多的歧路,这就是说,同是一种现象,而解释它的学说往往因人而异。像上文所说,目前是有许多变态心理学的。它们既有多数,我们何以能专采一家之说呢? 它们既各各不同,我们又何以能把它们都拉在一部书里呢?

为着要免除这两种困难,本编所以采取一种调和的办法。入手先作一个历史的研究,使学者放开眼光,先把这门科学的许多不同的观点看清楚;然后再列举几类重要的变态心理的事实,使学者自己权衡某类事实应以某家学说去解释较为精当。像这样办法,学者一方面可以明白变态心理学还是在生长,许多学说暂时可以并存不悖;一方面又能对于变态心理得到一种有系统的知识,知道它的问题何在,可以自己去作进一步的研究。凡是做学问,入手都要把门径先看清楚,这部小册子并无奢望,只想帮助读者认清门径。

这是本书编制法的一段不可少的辩护,现在再把"变态心理学"这个名词交代清楚:

从字面看,变态心理学好像是和常态心理学相对立的。许多心理学家也的确这样区分过,不过这很不合逻辑。任何人的心理都不免带有若干所谓"变态"的成分。比如作梦是常事,可受催眠暗示也是常事,而这些心理作用却属于变态心理学范围之内。从前所谓"心"是和"意识"为同义词,从前所谓常态心理学也专以研究意识作用为任务。据近代学者研究的结果,意识只占心的小部分,而心的大部分都为潜意识及隐意识。好比大海中浮着冰山,意识只是浮在水面的一小部分,而潜意识和隐意识却是没在水中的一大部分。变态心理学研究潜意识作用和隐意识作用,所以心理的较大的部分都落在它的范围里面。把较小的部分叫做常态,较大的部分叫做变态,未免颠倒轻重了。变态心理学家往往把一切心理作用——连意识作用也在内——都从变态心理学观点去解释得干干净净,好像是变态心理学之外就别无所谓心理学;而常态心理学家的态度则完全相反,凡是变态作用都被放在不议不论之列。这两种态度自然都有毛病。心是完整一贯的东西,其中常态的成分和变态的成分互相因依,我们不能把它们划成两个密不通风的区域。不能懂得常态心理决不能懂得变态心理,不能懂得变态心理也决不能懂得常态心理。从前研究常态心理学的人们大半是经院派的学者,研究变态心理学的人们大半是精神病医生,彼此不相闻问,所以常态心理学和变态心理学之间生出很大的隔阂。近代心理学的趋势是在把这种隔阂打破。我们一方面沿习惯用"变态心理学"的名词,一方面也莫要忘记它和常态心理学是不能分家的。

最后,编者还有一句话要声明:在编本书之前,他曾写过一部《变态心理学派别》,本编有些地方在"派别"中剪取若干材料。不过两书编制方法完全不同,"派别"以作家为中心,本书以问题为中心,而且本书为时较后,对于前作有几点错误已更正过。

朱光潜

一九三〇年八月写于斯特拉斯堡

第一章　历史的回溯

变态心理学发达迟缓的原因　变态心理学发达很迟,从它成为一种独立科学起,才不过有几十年的历史。在十八世纪以前,很少有人注意到变态心理学的现象。这是什么缘故呢? 追溯根源,我们一方面要归咎心理学,一方面也要归咎医学。

何以要归咎心理学呢? 十九世纪以前的心理学家把意识看成心的全部,以为研究了意识就算尽了心理学之能事。意识只有自己的才可觉到,所以从前的心理学家的研究对象完全限于自己的意识,他们所用的方法完全是内省。凡是内省所不能达到的一切被摈于心理学范围之外。首先被摈的自然是一切潜意识和隐意识的现象,其次就要轮到情感和本能,因为这些作用的真相是不能用内省察觉的。潜意识和隐意识完全除去了,本能和情感又被忽略过去了,变态心理学自然是无从发展。

何以要归咎医学呢? 变态心理学的内容大部分是关于精神病的成因。十八、十九两世纪的医学随着当时科学的潮流偏重唯物主义,以为精神失常全是由于生理作用。本来身心相关的事实很容易惹起这种误会,例如视神经中枢损坏,视觉就要发生毛病;饮酒之后情感较为兴奋,用麻醉药之后,神经就要失其作用,这都是器官影响机能的明证。从前一般医生由此类推,以为精神病的来源也是神经系统上的损伤。依这样看来,精神病只是器官病(organic disorder)而不是心理病。要诊治精神病必先寻出神经系统上的损伤,把这损伤医好,精神病也自然消灭了。所以十九世纪的精神病医生特别致力于神经纤维以及脑筋分野的研究。他们想出许多奇妙方法把神经纤维染色之后放在显微镜下试验,研究脑筋某部管某种知觉,某部管某种运动。他们的注意都集中在生理方面,所以变态心理学没有人去过问。

精神病大半是机能病 但是生理研究的结果颇出乎他们意料之外。他们原来要替精神病寻出生理的基础,可是他们发现许多患精神病者在神经系统方面并没有什么损伤。例如眼睛瞎的人视神经可以安然无恙,患瘫痪麻木的人运动神经可以安然无恙。因此,现代多数精神病医生对于十九世纪的唯物主义发生一种强烈的反动。他们的结论与前一世纪医生的结论完全相反。前一世纪医生以为许多机能病(functional disorder)尽是器官病,现代医生以为许多器官病尽是机能病。所谓"机能病"就是不必有生理基础的心理病。现代医生不仅说精神病不是器官病而是机能病,并且说以前人所认为器官病的症候其实也还是机能失常的结果而不是它的原因。

现在我们可以举两个简单的例来说明:有一个四十岁左右的男子本来居在乡镇,因为颇有一点资产,他的妇人劝他移居巴黎。

他们于是到巴黎住在一个旅馆里。有一天他从外面回寓，发现他的妇人已卷款潜逃了。他的精神上受了大刺激，歇了十八个月不能说话，后来虽然恢复原状，可是每逢情感激动或疲倦时，仍然是一个哑子。如果因为他哑，便断定他的管喉舌的神经有损伤，何以他过了十八个月自然痊愈，而痊愈之后又复发作呢？再比如耶勒所诊治的男子，他患麻木，整天睡在床上不能行动。但是有一天晚上，他忽然跳下床来，开门逃出室外，很灵活地爬上屋顶。这是一种睡行症，他醒后双足仍然麻木，记不起梦中上屋顶的经过。如果因为他的双腿麻木，我们就断定他的运动神经有损伤，何以在睡眠中又能走路呢？由此类推，许多貌似器官病的症候，其病由都是心理的而不是生理的。

这个新发现就是近代变态心理学的发轫点。许多医生知道精神病是心理的损伤而不是生理的损伤，于是丢开神经纤维和脑筋分野的研究，而去研究心理的成因和心理的治疗法。最早的心理的治疗法要推催眠术。

催眠术的略史　催眠术起源于动物通磁术。通磁术的始祖是十八世纪奥国人麦西卯（Mesmer）。他以为人体中有一种类似磁气的液体，在全身周流。身体各部所含磁液能保持平衡时，就是健康的现象；如果某一部分所含磁液过多或过少，那就是失了平衡，其结果即为精神病。但是磁液是可流动传达的。所谓通磁术就是借接触和按摩，把磁液由甲体传到乙体，或是由同体中甲部传到乙部，取有余以补不足，使病人因恢复磁液的平衡而得痊愈。麦西卯行通磁术时，常摆一只满盛铁砂玻璃粉和水的木桶在治疗室的中央。病人围着木桶站着，各从桶盖孔中抽出一枝铁棍，拿来触身体上有病的部分。大家都守着一种神秘的静默，于是麦西卯持着铁棍绕桶游行，顺次以眼光注视病人，同时用铁棍触他一下或是用手在他身上按摩数过。这样通磁之后，病人常现一种迷狂状态。病的痊愈大半都在发狂之后。

我们略加考较，便可见出这种通磁术就是催眠术的雏形。病人经过通磁术而痊愈，其实是由于受了痊愈的暗示，并非是身体中有什么磁液恢复了平衡。后来有人发现受通磁治疗的人在迷狂状态中常发类似睡行症的举动，对于医生说的话都句句照办。例如医生告诉他现在是赴宴，他就相信自己确是在赴宴，和想象的座客作周旋。病人醒后对于这种经过便完全忘却。这个新发现就是催眠术的始基。

南锡派和巴黎派的争执　十九世纪中研究变态心理学的风气以法国为最盛；前有南锡派和巴黎派的争执，后有新旧南锡派的交替，以及耶勒的发扬光大，都是以催眠术为出发点。

南锡派的首领为李厄波（Liébeault）和般含（Bernheim），他们的大本营是法国南锡（Nancy）的大学和医院。这一派学者都以为催成的睡眠和天然睡眠无异，它的特点只在暗示。催眠者暗示一个观念，受催眠者毫不迟疑就把它接收过来实现于动作，于是有催眠状态。理论上的难点就在受催眠者如何接收暗示的观念一个问题。依南锡派学者说，观念都有发为动作的趋势。比如看赛跑时心里念着跑，脚就不由自主地走动起来，就是一个证据。通常观念何以不尽发为动作呢？因为我们脑中同时可存相反的观念，而器官却不能同时发相反的动作，平时脑中都有许多观念并存，彼此互相冲突，互相牵制，所以能直接实现于动作者甚少。但是如果注意力集中于某一观念上，把其他观念都挤到边缘意识之外，则该观念即可直接实现于动作。这种由观念直接变成的动作，通常叫做"念动的活动"（ideo-motor activity）。这种直接变为动作的不受其他观念牵制的观念，通常叫做"独一观念"（monoideism）。催眠状态就是在独一观念的心境之下所发生的"念动的活动"；换句话说，催眠状态是过度注意的结果，催眠者所暗示的观念压倒其他一切观念,不受任何牵制,所以能立刻变为动作。

南锡派之说如此,巴黎派却不以为然。这派的首领是夏柯(Charcot),它的大本营是巴黎沙白屈里哀医院(La Salpêtrière)。他们以为催眠状态是一种精神病症,只有患精神病的人可受催眠,所以催眠的主因不是暗示。

这种争辩虽似无关宏旨,对于变态心理学的发展却有极大功劳。无论催眠状态是否为精神病症,而精神病症很类似催眠状态,却是无可置疑的。所以此后学者研究精神病时,可用催眠的经验做比拟的根据。这是催眠术的研究对于变态心理学的一个大功劳。其次,精神病可用催眠暗示治疗,学者对于精神病是心理病不是器官病这个基本信仰也更加倚重。巴黎派和南锡派的分子全是医生,偏重实际治疗的功效,对于学理却不甚过问。到了耶勒(Janet)的手里,他才根据精神病治疗和催眠暗示的经验,建筑一种变态心理学出来。耶勒的学说可以说是集巴黎派和南锡派之大成。他本来是夏柯的徒弟,对于催眠状态为精神病征一说辩护甚力,应该算是巴黎派的嫡裔;但是他同时又采取"念动的活动"之说,所以和南锡派也有渊源。说粗略一点,近代变态心理学只有两大派:一派发源于法国,余波及于英、美,它的中心人物就是耶勒;一派发源于奥国及瑞士,它的中心人物是弗洛伊德。现在先撮要述耶勒的学说。

耶勒的学说　耶勒派学说有三大要点:

一、念动的活动——这是法国心理学界一个极有势力的传统的思想,就是把"观念"的势力看得非常之大,以为观念如果不遇相冲突的观念去阻碍它,就可本自己的力量直接实现于动作。"念动的活动"是一种自动机式的反应,一触即发。一切精神病,一切心理的变态,都是这种机械的反应。病人心中都有一种"固定观念"(L'idée fixée),在生病时期,他的意识全部都被固定观念所占据,所以对于其他一切记忆和感觉都完全遗忘过去。耶勒诊过一个十九岁的女子。她在迷狂症发作时常叫喊道："火呵！贼呵！路删来救我！"她醒过来之后，医生盘问她，她说平生既没有遭过火灾，又没遇过贼，至于路删更是漠不相识。但是后来据她的亲属报告，她从前当过婢女，夜间曾遇过贼人放火行劫，她被一位路删救出。那一次她受了惊吓，以后就得了迷狂症。贼放火行劫时被路删救出那一幅情景就成了固定观念，与其他观念不相联络。所以她在常态中只记得生平一切其他经验而记不起放火行劫的情景；在病态中她只能记得放火行劫的情景而记不起生平一切其他经验。

二、分裂作用（dissociation）——固定观念和寻常观念不能同时呈现于意识中，因为它们经过分裂作用。心中观念本来是繁复的，不过在心理健全时，它们经过综合作用形成完整系统，互相节制。所以健全人的一言一动都有整个的人格做背景。比如说，我心中本来储有"走路"一个观念而此时却在用心写字，"走路"的观念便不能实现于动作，因为这个观念与此时心理系统的全体相冲突，它受其他观念节制住了。变态心理的发生，就由于全体心理系统"分裂"开来，而某一观念成为固定观念，与其他观念不相节制。比如"走路"的观念分裂开来成为固定观念之后，在常态中记起其他观念便忘却"走路"的观念，所以有双腿麻木的现象，在变态中便只记得"走路"的观念而忘却其他观念，所以在不应走路时还是走路。这就是说，心理经过分裂作用之后，便有两重或多重的意识。原有心理系统全体（即健全时的记忆和知觉）为主意识，从主意识分裂开来而独立营生的固定观念则为副意识或潜意识。在同一时间之内，这两种意识不能并现，此出则彼没，所以彼此不能互相认识，互相节制。分裂作用愈剧烈，意识范围愈缩小，好比大家私细分，分之前虽富，分之后就变穷了。

三、心力的疲竭。分裂作用起于综合作用的失败，而综合作用的失败又起于心力的疲竭。心力的疲竭原因甚多，最大的是情感。情感之来就由于身临一种特殊环境，霎时间不能从容应付，心力于是无所归宿而泛滥横流，呈兴奋的状态。精神病的发生，所以往往在受强烈刺激、情感兴奋过度之后。治疗精神病有两个重要的原理：一个是防止心力过度消耗；一个是激动储蓄于各种本能中的"后备力"。心理也有一种经济，节流裕源应该同时并进。麦独孤批评耶勒时说这种主张近于自相矛盾。为节流起见，耶勒的治疗法注重休息和避免刺激；为裕源起见，他又主张刺激潜在的后备力。这是两个相反的方法，如何能并行不悖呢？

新南锡派 新南锡派的首领为库维(E. Coué)。他是李厄波的学生，所以和旧南锡派有直接的渊源。他以卖药行医为业，本来也常使用催眠术。后来他发现暗示不必定要催眠，也不必定要有催眠者，于是丢开催眠术而代以"自暗示"。自暗示是一种实际治疗法，库维在世时曾风行一时，欧战发生时他所诊的病人一年中至一万五千人之多，其功效可想而知。这派的后起之劲要算鲍都文(Baudouen)，曾经著过《暗示与自暗示》一书阐明自暗示的学理。他们对于南锡派的"念动的活动"这个基本信条还没有变更，所不同者旧南锡派注重他暗示，暗示的观念必由催眠者授给被催眠者；新南锡派注重自暗示，以为凡是观念都起于主者自己的心中，并不能从旁人心中传来，所以他暗示其实也还是自暗示。

英美派：(一)普林斯 英美派的思想和法国派很相近。美国方面最重要的人物是普林斯(Morton Prince)。他也和耶勒一样，拿分裂作用作为解释精神变态的基本原理。不过耶勒以为分裂作用由于心力疲竭，而普林斯则以为它是由于排挤作用(inhibition)。两种相冲突的观念或情感不能同时并存，非甲排挤乙，即乙排挤甲。排挤作用在情感兴奋时进行最为剧烈。例如发怒时全副精神都凝聚在一个对象上面，对于其他一切都视而不见，听而不闻；这就是怒把其他情感和观念都排挤去了。情感愈激烈，意识范围愈缩小，到极点时只有一个观念占住意识，其他都被排挤去。可是其他观念回到意识时，这一个固定观念也被排挤去。这就是精神病的特征。看这番话，我们可以见出普林斯的见解大致仍近于南锡派的"独一观念"说。

普林斯对于变态心理学的最大贡献在并存意识说。分裂开来的主意识和副意识，依耶勒的学说，是不能同时活动的。主意识上台，副意识就要下台，所以主意识出现时，副意识的经验便被遗忘；副意识出现时，主意识的经验便被遗忘。这两种意识完全是隔膜的，没有任何交通。如果同时有几个副意识，它们彼此的关系也是如此。普林斯以为不然。他以为分裂的意识可以同时活动，有时并且可以彼此相知觉，相记忆。这种同时活动而彼此有交通的意识叫做"并存意识"（co-consciousness）。他把潜意识分为并存意识和无意识两部分。"无意识"存于意识边缘之外，包含过去经验中可复现于意识的记忆和不可复现于记忆的生理的留痕。并存意识存于意识边缘，和中心意识相对。我们在任何时间所受的刺激都很多，而我们所能察觉到的却甚少。没有察觉到的刺激却有时能回到记忆。例如病人失去皮肤感觉时，用针刺激他，他完全没有感觉；可是在催眠中他却能回忆针刺的感觉。依普林斯说，针的刺激原来虽没有进主意识而却进了副意识，所以它能储为记忆。

（二）麦独孤　英国方面最重要的人物是麦独孤（McDougall）。他本来是一个经院派心理学家，近来也颇注意到变态心理。他的学说可以说是调和耶勒派和弗洛伊德派的。他一方面沿用耶勒派的分裂说，而同时又采取弗洛伊德的压抑说。他特别着重"动原说"（hormic theory），以为人类行为原动力是本能和情绪而不是理智，动作顺利于是生快感，动作不顺利于是生痛感。这种学说是和十八、十九两世纪盛行的"心理的享乐说"（Psychologic hedonism）

相反的，因为"享乐说"倒果为因，以为趋乐避苦的目的在前而动作在后，动作是有理性的而不是冲动的。就着重"动原说"而言，麦独孤和耶勒处对敌地位，和弗洛伊德是同志。就攻击"享乐说"而言，麦独孤又和弗洛伊德处对敌地位，因为弗洛伊德的"快感原则"（详下文）就是"享乐说"的变形。

麦独孤的人格说是颇值得留意的。神经系统是无数细胞组成的，每个细胞自成一单位，而所发动作却谐和统一，不至有无数相反的活动同时并行，就因为它们在机能方面先有一种综合（integration）。有些综合是先天的，由遗传得来的，这就是本能。诸本能相综合，于是有情操（sentiment）；诸情操相综合，于是有人格。使诸情操相综合成为人格的是"自尊情操"（selfregarding sentiment）；有自尊情操而后有自我理想，有生活目的。他拿军队的组织来比人格。在军队中下级军官服从中级军官，中级军官又服从上级军官，才有军纪可言。如果上级军官不能发号施令，则原来统一的军队便分散为无数独立的小团体。人格也是如此，如果综合诸情操的力量薄弱，诸情操也就分裂独立，于是有多重人格及精神病的现象。照这番话看来，麦独孤虽然极力抨击耶勒派的机械观，他自己实在也还是不能脱去耶勒派的窠臼。

弗洛伊德　耶勒之外，近代变态心理学界的主要人物自然是弗洛伊德（S. Freud）。他的学说后当详述，现在只就其和耶勒派相异的地方略说一下。

耶勒是法国传统的理智派心理学的继承者，所以偏重观念的势力；弗洛伊德是德国意志哲学的继承者，所以偏重本能和情感。耶勒的主要原理是分裂作用；弗洛伊德的主要原理是压抑作用。压抑作用是本能和社会需要相冲突的结果。本能的欲望大半是和道德习俗不相容的，于是硬被意识压抑下去，形成隐意识。隐意识好比牢狱，凡是不道德的欲望都被幽囚在里面，不准和意识见面；

意识也时时像站岗的警察防备它们逃脱出来。照这样看来，压抑作用的结果也还是耶勒所说的"分裂作用"。不过耶勒的分裂作用是心力疲竭的结果；弗洛伊德的压抑作用是两种心力相冲突的结果。被压抑的性欲的潜力不但没有减杀而且比从前还更活动，时时勾结类似的被压抑的成分，形成所谓"情意综"（complexes），不断地向意识界明侵暗犯。隐意识向意识明侵，于是乃有种种精神病；隐意识向意识暗犯，于是乃有梦和其他心理的变态。用个比喻来说，耶勒所见到的变态心理好比一个政治紊乱的国家，握最高权的元首倒塌之后，许多强藩都割据偏安起来了。同时间之内只有一个强藩可以盘踞京都。他们力不相下，这个强藩把那个强藩驱逐下台，不久那个强藩又夺回原有根据地，这是常有的事。弗洛伊德所见到的变态心理好比两个势力相差甚微的敌国，乙被甲征服拘囚之后，仍然在秣马厉兵，预备夺回旧地，而甲也时时在戒备。两方都呈现很紧张的状态。

英文 unconscious、德文 Unbewuszten 和法文 inconscient 这个名词最易误解，学者入手即须分别清楚。这个词在日常语言中有一个意义，在弗洛伊德心理学中又另有一个意义，绝不相同。日常语言中的 unconscious 可译为"无意识"，弗洛伊德所用的则应译为"隐意识"。"无意识"是指暂时不在意识界内的记忆以及不用意识支配的习惯动作和反射动作。"隐意识"是被压抑欲望的藏身之所。例如行路时双腿更动是无意识的动作而却不能谓为隐意识的动作；作梦是隐意识作用而却不能谓为无意识作用。隐意识是通常不易召回的带有痛感的记忆。通常容易召回的记忆，弗洛伊德称之为"前意识"（the preconscious）。法国派心理学者所用的 subconscious 应译为"潜意识"，它一方面不是"无意识"，因为在主意识失其作用时，它可以全盘回到意识界，例如催眠状态睡行症等等；一方面它又和弗洛伊德的"隐意识"有别，因为它和意识虽分裂而却不必处对敌的地位。普林斯所说的"并存意识"还是一种潜意识。潜意识和隐意识的分别极为重要。耶勒派和弗洛伊德派分道扬镳，就从这个界线出发。耶勒派偏重潜意识现象，统辖潜意识现象的基本原理是分裂作用；弗洛伊德派偏重隐意识现象，统辖隐意识现象的基本原理是压抑作用。

弗洛伊德在治疗方面最大的贡献是心理分析术，它的目的就在发掘隐意识的内容，把致病的情境召回到记忆中来，使淤积的潜力发泄之后不再作祟。

他有两个高足弟子：一个是荣格（C. G. Jung）；一个是阿德勒（Adler）。通常人都把他们称为"后弗洛伊德派心理分析者"。不过他们后来因为见解不同，都脱离弗洛伊德而独立门户了。

荣格 荣格是瑞士苏黎世（Zürich）派的领袖。他和弗洛伊德有三个重要的异点：一、弗洛伊德以为"来比多"全是性欲的潜力，人类行为的原动力全是性欲；荣格以为"来比多"是广义的"心力"或"生活力"，性欲的潜力只是其中一部分。二、荣格研究心理，最注重"究竟"（finality），反对弗洛伊德所倚重的机械式的因果观。所谓"究竟"就是目的。任何心理作用都与机械作用不同。机械作用只有原因，心理作用则于原因之外还有目的。我们研究心理学决不应把心理作用的唯一的特点忽略过去。三、弗洛伊德的隐意识发生于个人欲望和环境需要的冲突，完全在个体生命史中形成。荣格以为弗洛伊德把隐意识看得太狭小。每个人都是无数亿万年的历史之继承者。在这无数亿万年中人类所受的环境的影响，所得的印象，所养成的习惯和需要，都借着遗传的影响储蓄在各个人的心的深处。这是隐意识中最大的成分，可称为"集团的隐意识"（collective unconsciousness）。集团的隐意识对于个人影响极大，不但本能是集团的隐意识之一成分，即梦也是"原始印象"的复现。弗洛伊德以为成人在梦中"还原"到婴儿，荣格则以为文明人在梦中"还原"到野蛮人。

阿德勒 像荣格一样，阿德勒也主张心理学应以研究主观的目的为第一任务，不应囿于寻常科学的因果观。主观的目的人各不同，所以心理学家应取各个人的心理经验来做研究对象。阿德勒特重个别的经验，所以把他自己的心理学称为"个别心理学"，以示区别。他和弗洛伊德适走相反两极端：弗洛伊德差不多只认得性欲本能；他差不多只认得自我本能，把性欲本能也看作自我本能的变相。在阿德勒看来，人都有一种"在上意志"（the will to be above），要比旁人优胜。如果自觉有丝毫缺陷，则心中便生"卑劣感觉"，于是极力设法求"弥补"。许多器官有缺陷的人因为"在上意志"驱遣他求"弥补"，结果该缺陷器官反比寻常完全器官更加有用。德摩斯梯尼本患口吃而后来练成希腊第一大雄辩家；贝多芬、莫扎特和舒曼诸人都有耳病，而都成为著名的音乐家；这都是"弥补"的好例。精神病也是一种弥补。"在上意志"本来要达到优胜，但是外物抵抗力过大，于是发生精神病，作闪避责任的借口。病人仿佛说："假若我不生病，我一定比旁人优胜。"

从上文看来，我们可以把变态心理学的两大派别列表如下：

（一）以分裂作用解释潜意识现象者

- 南锡派——般含（催眠术）
- 巴黎派——夏柯——耶勒（迷狂症）
- 新南锡派——库维——鲍都文（自暗示）
- 英美派
  - 普林斯（并存意识）
  - 麦独孤（动原说）

（二）以压抑作用解释隐意识现象者

- 维也纳派——弗洛伊德（泛性欲观）
- 苏黎世派——荣格（集团的隐意识）
- 个别心理学派——阿德勒（缺陷器官与弥补）

这只是列举主要潮流中几个代表人物，他们的学说纷歧已如此;此外还有许多次要的变态心理学家为我们所不能遍举的也是人各一说。从此可知变态心理学上各种问题都还难下定论。我们对这些纷纷学说应该取什么态度呢？第一，我们应搜求有凭可据的变态心理的事例，仔细考察它们的前因和后果。第二，我们应把各派解释这些事例的学说摆在一块来参观互较，看哪一派的较近于真理。第三，假如我们觉得各派学说都不能符合所有事例，我们最好注下一个疑问号，老老实实地承认人类知识还没有到解决这个问题的地步，不必勉强采取一个学说作停止研究的借口。我们心中存着这三个原则，现在再来讨论变态心理学上的事实和问题。

第二章　催眠和暗示

催眠的状态是很奇怪的。一方面它很像天然睡眠，眠时神情很昏迷，醒后对于眠中经过常不能记起；一方面它又和天然睡眠迥然有别，受催眠者在催眠状态中可以接收催眠者的暗示，生出种种特殊的反应。这就是说，受催眠者不是全然眠着，他的举止动静可以受催眠者的支配；他也不全然是醒着，他在服从催眠者的命令时一举一动都像是作梦似的。这个状态和许多其他心理的变态都很类似。如果我们能懂得催眠的道理，许多变态心理学上的事实就不难由此类推了。

我们先叙述催眠的事实，然后再讨论各家解释这些事实的学理。

催眠的方法　现在一般人所采用的催眠的方法大半都是南锡

派所常用的方法。它是很简便的。催眠者首先把催眠的原理和功效向受催眠者说明一番,遇必要时还可以先将旁人催眠给他看看,使他知道催眠术并没有什么神秘,不必存疑惧的念头。受催眠者既然对于催眠者有信仰了,然后躺在一个安乐椅上,让肢体筋肉都舒舒服服地休息起来。催眠者于是告诉他凝神想一件很平淡的事,或者拿一件小物体摆在他额头前一尺路的光景,叫他注目凝视一两分钟。这样凝视易使眼球筋肉疲倦;眼球筋肉疲倦是睡眠的一个很重要的条件。催眠者继续不断地用呆板的声气向他暗示沉重、疲倦、昏迷的感觉,比如向他说:"你觉得肢体很困乏了,你的眼皮很沉重了,你在打盹了,你的眼睛已经湿汪汪地看不清楚东西了。"多数受催眠者听过这一番暗示,立刻就会合眼入睡。如果他还不能入睡,催眠者可以复述同类的暗示,并且做姿势来帮助暗示。最普通的姿势就是定睛注视受催眠者的眼睛,或者用手在他的额上往复作按摩的姿势。这就是通常所谓"通过"(passes),是从前麦西卯行通磁术时所最欢喜用的方法。他以为这样凝睛注视和按摩可以使"动物磁液"由甲体通到乙体或是从甲部通到乙部。现在磁液说已被科学家打破了。按摩的功用并不在通过磁液而在给受催眠者以单调的有节奏的刺激,好比摇篮歌催小儿入睡一样,容易引起昏倦。同时这种姿态又可以维持催眠者与受催眠者的关系(rapport),使受催眠者继续接收暗示,不完全堕入熟睡状态。

催眠的秘诀在信仰。受催眠者须有决心,愿以全副身心信托于催眠者。催眠者利用这种信仰也有两种办法。较旧的办法是采驾驭的态度,处处使用命令,使受催眠者屈服于无上威权的下面。比如说要受催眠者入睡,只用很严重的命令的口气向他说一个"睡!"他就果然睡了。这种方法收效较速,不过容易养成受催眠者的过度的屈服性和倚赖性。较新的办法是采合作的态度。催眠者向受催眠者和颜悦色地解释谈论,叫他自己愿意合作。催眠是可以学习的。比如第一次催眠不甚奏效，以后多受一次催眠，感受暗示的能力也就逐渐增大。唤醒催眠也用暗示，比如说："完了，醒过来罢!"有时在深催眠状态中唤醒较难。催眠者于暗示之外，可兼用吹眼皮及冷水泼面诸法。

催眠状态的特征　催眠状态可逐渐由浅入深，愈到深的地步，愈易感受暗示。深浅的程度随人而易，有些人只能到很浅的催眠状态。夏柯和其他催眠术专家常依深浅的差别把催眠状态分为几个阶段，每个阶段都有它的特征。

最初步催眠状态的特征为筋肉倦怠。受催眠者不愿自动地发出任何动作。他如果肯行使意志，本来还可以使筋肉照常动作，只是他不肯费气力去行使意志。这种状态很像快要睡眠时的那种朦胧情景。到了这步的，催眠者便不难利用暗示，使某部器官暂时失其作用。比如向受催眠者暗示说："你的眼睛已闭起，不能再张开了"，他纵然行使意志要把眼睛睁开，筋肉也不肯听命。这里已可见出人格微现分裂作用了。夏柯把这个状态叫做昏迷状态（lethargic state）。依他说，这个状态的特征是筋肉的过度感动性。例如轻触左腕，则左腕筋肉便蠕蠕颤动，以后左肘右肘右手也依次颤动起来。不过有些心理学家以为这种现象并非普遍的。

有些人只能达到这样初步的催眠状态。但是多数人在这种初步暗示成功之后，对于催眠者的信仰便逐渐增加起来，感受暗示的能力也就逐渐增大。最普通的现象是肢体变成蜡一般地听命，催眠者可随意把它们摆布成很奇怪的姿势。比如把手臂伸直，不叫它弯曲，它就永不弯曲；把头转向颈后，不叫它转还原，它就永不转还原。通常人伸直手臂到几分钟之后就要疲倦得发抖，不由自主地落还原有位置。可是在催眠状态中手臂伸直和下垂一样不费力，一样不露疲倦的样子。夏柯称这种状态为萎靡状态（cataleptic state）。在这个状态中，皮肤感觉也逐渐失其作用，用针刺激受催眠者,他觉得若无其事,丝毫不觉到痛。

最深的催眠状态为夏柯所说的睡行状态(somnambulistic),它的特征为锐敏的暗示感受性。催眠者发任何命令,受催眠者都做得一字不差。他可以服从暗示做出很复杂的动作,不过好像患睡行症者在"睡眠"中开门出去做了许多事,醒后自己完全忘记,他的动作像是不受寻常意识支配的。在深催眠状态中感觉本来像是麻木不仁,可是有时它也异常灵敏。所以受催眠者往往看不见催眠者的动作也能照样模仿,比如催眠者站在他背后作揖,他也跟着作揖。从前人把这种现象看得很神秘,其实它是由于催眠状态中的听觉比平时较为灵敏的缘故。

催眠与幻觉　在深催眠状态中受催眠者往往因暗示作用发生种种幻觉,把不存在的东西看作存在的。般含曾经向受催眠者暗示说:"你醒过来后,须走到你的床前向一位提杨梅送你的女子握手道谢,随后你就把杨梅接收过来吃下去。"半点钟之后他醒来了,果然走到床前,向乌有女士说:"太太,谢谢你",接着就作握手的姿势。后来那位女子像是去了,他便津津有味似地吃那幻象的杨梅。

这是积极的幻觉。更奇怪的是消极的幻觉,受催眠者因暗示作用把本来存在的信为不存在。比如椅子上原来坐着一个人,你向受催眠者施暗示说,"这张椅子是空的,你去坐在上面",他就去坐在原来那个人的身上,仿佛不觉得那里有人一样。麦独孤曾经作过这样一个试验:他拿五张邮票摆在一张白纸上面,叫受催眠者用手数过,于是指着其中两张邮票向他说:"你转过头来就不会再见这两张邮票了。"五张邮票照旧没有更动,可是受催眠者转过头来果然只认那里有三张邮票。麦独孤背着他的面孔把五张邮票的位置更换过,再叫他用手指着数清,他对于原来那两张邮票(虽然位置已经换过)仍然是忽略过去。这个实证可以引起一个很有趣的疑问。说他没有看见那两张邮票么?他何以在位置更换之后仍然能把它们选择出来不去数它们？说他看见那两张邮票么？他何以硬否认它们存在？除非假定他在催眠状态中有两种不同的意识，我们便没有方法解决这种问题了。

催眠与记忆　催眠状态中最值得注意的是记忆。醒时所有记忆，在催眠状态中仍旧存在，所以受催眠者可据实报告自己过去的历史。不但如此，催眠状态中的记忆有时反比醒时记忆更清楚，醒时所忘记的经验在催眠状态中可以记起。这件事实对于精神病治疗非常重要。精神病大半起源于被遗忘的悲痛经验，如果医生能把这些被遗忘的东西召回到记忆中来，病征就会消灭。这是弗洛伊德派和法国派心理学者所公认的。他们所不同的只在方法。弗洛伊德派发掘被遗忘的经验，全凭心理分析，法国派则利用催眠。不过催眠对于心理分析也有很大的影响。勃洛尔发现"谈疗"，便是在利用催眠术搜寻被遗忘的经验的过程中。我们在后面当再详论。

只达到浅催眠状态的人醒过来之后对于催眠中经过还能依稀隐约地记起，好比作梦者在早晨仍然记得梦中经过一样。但是深催眠状态的经过在醒后大半都被遗忘。这种"后催眠的遗忘"（post-hypnotic amnesia）是一个很重要的现象，很可以拿来作研究心理分裂作用的帮助。这种遗忘并不是彻底的。如果在已醒之后再加催眠，则在醒时所遗忘掉的第一次催眠中的经过，可以在第二次催眠状态中回忆起来。从此可知前一次催眠中的意识与后一次催眠中的意识是自相连贯的；而催眠中的意识与醒时意识则有分裂的痕迹。

后催眠的暗示　有些学者颇疑惑后催眠的遗忘是否为暗示的结果，因为如果催眠者向受催眠者施暗示，叫他醒后不要遗忘催眠中所有经过，他醒后就会把它们记得清清楚楚的。一般受催眠者醒后把催眠中一切都遗忘了，或许也是因为催眠者于有意或无意中施过遗忘的暗示，或许因为一般人把催眠状态看作潜意识作用，其中经过，在醒时理应忘记，所以无形中自施遗忘的暗示。总之，后催眠的遗忘并非必要的，"后催眠的暗示"（post-hypnotic sugges-tion）就是一个明证。所谓"后催眠的暗示"就是在催眠中施行一种暗示，叫受催眠者在醒后照办。比如向受催眠者施暗示叫他看见催眠者把手放在口袋中时，就把窗子打开，他醒过来之后，看见催眠者把手放在口袋里，他果然去把窗子打开。问他为什么要开窗子，他会说房子里空气太热，虽然房子里空气实在是很冷。这种事例对于动机的研究很重要。我们日常行为，动机本来如此，而我们却往往把它掩盖起来，另外寻些理由来解释，这就是所谓"理性化"。

后催眠的暗示也可以拿来说明人格的分裂。催眠者向受催眠者施暗示说："我把手放在口袋里放到第九次时，你就把窗子打开。"这个暗示说过之后，就把受催眠者唤醒。催眠者不在意似地和他谈话，有时把手插在口袋里，恰恰在第九次时，他就把窗子打开。如果你仔细观察受催眠者，可以看出他很留意似地瞟着催眠者的手。可是如果你问他是否因为受过后催眠的暗示，他却绝对否认。他一方面在留意手插口袋的次数，一方面又说自己不知道这么一回事，看来像是说谎，其实是因为留意手插口袋的是一重意识，说自己不觉得受过后催眠的暗示的又另是一重意识。他在瞟着手插口袋时，全受潜意识的鼓动，主意识实在是不觉得，所以他实行暗示打开窗子之后，不久把打开窗子这件事实也遗忘了。

最奇怪的是实行后催眠的暗示者对于时间的估测异常精确。比如向受催眠者施暗示说："你醒后过了五千九百四十七分钟之后把名字填在纸上送给医生"，他不用看钟表，到了规定的时候，果然一一照办，至多不过差几分钟。规定的时间愈长，后催眠的暗示的力量也自然愈薄弱。最长期的后催眠的暗示曾经到过一年之久；

这就是说,今年今日向受催眠者施暗示,叫他于明年今日做一件事,到时他果然照办。在这个时期之中,他自己并不记得受过什么暗示,实行暗示时他也不知道有什么缘故。这种事实看来像是很神秘,其实据心理学家的研究,实行后催眠的暗示者估测时间如此精确,是因为他在潜意识中时时在作估算。他在潜意识中并没有忘记所受的暗示,所以如果把他再催眠,他能把后催眠的暗示所规定的事务和时间都说得一字不差。

催眠与治疗　催眠术对于治疗的功效有两种。第一种功效在发掘被遗忘的悲痛的经验,使它们不再在潜意识中作祟,我们在上文已经说过。第二种功效在利用后催眠的暗示,使"痊愈"的观念在催眠中印入病人的心理,并且在醒后仍然继续生效。般含举过许多实例,我们可以择一个来说明。有一个小孩患筋骨痛,手膀不能上举。般含把他催眠之后,帮助他把患筋骨痛的手臂举起,用手按着它施暗示说:"痛已经消去了,你不觉得什么地方痛了,你就移动手臂也不觉得痛了,你醒后也再不会觉得痛了,痛不再回来了。"他继此又暗示别一种感觉代替痛感说:"你觉得手臂有些热,热度渐增加了,但是痛已完全消去了。"小孩醒过来之后,对于催眠经过完全忘记,筋骨痛果然消散,手臂也可以上举了。

心理学家对于"心理可否影响到生理"这个问题向来争辩得很剧烈,但是如果他们仔细考较催眠的事实,对于心能制身的原理就不会怀疑了。在平时我们对于许多器官的动作常不能任意支配。血液循环迟缓时我们很难行使意志叫它快,大便滞结时我们很难行使意志叫他畅通,因为这些器官的筋肉受躺在脊椎两旁的交感神经系管辖,中枢神经系不能直接驾驭它们。但是在催眠中它们可以受意志的支配。比如血液循环的快慢就可以用暗示去更动。同一区域的皮肤的温度受"寒"的暗示则降低,受"热"的暗示则增高,在几分钟之内可以生出华氏十度的差别。最奇怪的是原来没有毛病的皮肤可以因暗示作用而发生疱瘤。这类事实现在还没有得到满意的解释,不过它们对于治疗很有帮助,是很显然的。

解释催眠状态的学理　关于催眠状态的事实有如上述,我们应该如何去解释它们呢? 催眠术脱胎于麦西卯的通磁术。麦西卯以为人体有一种磁液可以由甲体传到乙体,或由甲部传到乙部,如果根据他的学说,在催眠中催眠者把自己身上的磁液传到病人的身上去,他所呈现的昏迷状态就是"恢复健康的转机"。这种近于神秘的学说近来已为一般科学家所打破。不过催眠现象究竟如何来解释,各派学者的议论仍然很分歧。下面几节,便顺历史的次第,介绍几种最重要的学说。

巴黎派的学说:催眠现象是精神病征　通磁术有点近于神秘,为科学家所仇视,所以一八四〇年法兰西学院曾通令严禁。后来它变为催眠术,学者仍然噤口不敢称道。巴黎沙白屈里哀医院精神病医生夏柯觉得催眠状态对于病理学颇重要,不宜置之不问,所以他对于催眠术作过一番很精密的研究。不过他还是怕惹科学界的攻击,所以采取极谨严的科学方法,专留心观察催眠中的生理变化。他发现催眠可分为上文已说过的昏迷状态、萎靡状态和睡行状态三大阶段。每个阶段的特殊的生理变化都类似迷狂症的生理变化,所以他把催眠状态看作一种精神病征,以为只有患精神病的人们才可受催眠。催眠状态的发生是施用手术的结果。例如想唤起昏迷状态,只须轻闭眼皮;想唤起萎靡状态,只须把眼皮揭开;想唤起睡行状态,只须轻按头顶。照这样说,催眠并非由于暗示的心理作用了。

夏柯的学说颇受般含的攻击。他们的笔墨官司打得很久,在历史上叫做"巴黎派和南锡派的争执"。在般含看来,凡催眠不必尽具夏柯所分的三种状态。夏柯的错误在专重深催眠状态,否认浅催眠状态为催眠状态。他所以致误的原因在他是精神病医生,所催眠的人都是患精神病者。他看见患精神病者可受催眠，因而推论受催眠者也必定患精神病。这种推理自然不合逻辑。其实一般人有百分之九十以上都可受催眠，可见受催眠者并不必患精神病。夏柯所催眠的都是患精神病者。他们平时看惯了病院的同僚在催眠中所发生的种种生理变化，无形中已受了很深的暗示，所以医生替他合眼皮时，病人即预期曾经见过的昏迷状态发生；用手按他的头顶时，病人即预期曾经见过的睡行状态发生。这种实验完全不足为凭。

南锡派的学说：催眠全由暗示　般含当时是南锡派的首领，也可以说是催眠术的集大成者。但是他的学说在英人白莱德（J. Braid）的著作中已露萌芽。"催眠术"（hypnotism）这个名词也是白莱德首创的。他以为催眠状态全是过度注意的结果。在过度注意时，心力集中于某一个观念，所以该观念即直接实现于动作。般含的学说不过把白莱德的学说加以发挥。我们把它分析起来，可以发现两个基本概念：一个是"念动的活动"；一个是"独一观念"。

"念动的活动"这个概念可以说是旧心理学的奠基石。它把神经系统看作一个弧形，一边弧脚代表知觉神经，一边弧脚代表运动神经，而弧顶则为知觉神经的终止点和运动神经的出发点。感受知觉时有一种冲动力，这种冲动力沿知觉神经传到中枢联络神经，如果在那里不受阻挠，就注入运动神经使器官发生动作。这种弧叫做反射弧（reflex-arc）。所谓"念动的活动"就是由知觉的冲动力直接变为运动的冲动力所发生的动作，这就是说，它是一种自动机似的反射动作。比如我看见旁人搔痒，自己也不知不觉地动起手来，看见旁人赛跑，自己也不知不觉地动起脚来，就是由"搔痒"和"赛跑"的观念一直变为搔痒和赛跑的动作，所以叫做"念动的活动"。般含以为暗示就是这种念动的活动，就是把旁人所暗示的观念接收过来，把它实现于动作。暗示是一种极普通的心理现象，宗教习俗教育都可以说是暗示的结果，不必一定要催眠然后才能施暗示。

观念都可直接变为动作，而通常许多观念却不能实现于动作，这是什么缘故呢？这是因为心中同时有许多观念，互相冲突，互相阻止。比如"坐"的观念和"站"的观念就是不相容的，同时念到坐又念到站，自然既不能坐又不能站。本来每个观念的原始的倾向都是一触即发。我们平时对于所见闻，天然的倾向都是置信。比如猛然告诉一个人说："你额上有一只蚊子"，他立刻就会举手去扑它。这种简单的事实可以证明我们生来就有接收暗示的倾向。暗示最忌迟疑和反省。迟疑、反省就是拿这个观念和其他观念相较。有其他观念同时并存时才有迟疑、反省。没有其他观念同时并存时就不会有迟疑、反省，反射的动作自然容易发生。所以要想暗示有效验，须把与暗示的观念相冲突的观念一齐排去，使暗示的观念成为"独一观念"（monoideism）。这就是催眠术的目的。在催眠状态中，精神昏倦，意识失其作用，暗示的观念把整个的心都占住，没有对敌的观念阻挠它，所以它的冲动力就一直注入运动神经，发生反射的动作。催眠全赖暗示，暗示是心理上一种极普遍的现象，所以催眠状态不能说是病征。

般含的学说能否成立，就要看"念动的活动"是否实有其事。近代学者大半以为"念动的活动"是唯理派心理学所构成的空中楼阁，其实支配人类行为的原动力是本能和情感而不是观念；观念离开本能和情感决不能本其自身的力量实现于动作。如依此说，我们对于般含的学说尚须置疑。

耶勒的学说 般含发现一般人中有百分之九十以上能够受催眠暗示，所以极力否认催眠状态为精神病征之说。大多数变态心理学专家都承认般含的话可靠。但是近代法国心理学界泰斗耶勒仍然坚持巴黎派的主张，以为可受催眠的人都有精神病。不过他同时也很倚重南锡派所用的"念动的活动"这个概念。在他看，健全人的动作都发于意志，都经过反省作用，都有全人格做背景，都不轻易受冲动支配。凡是轻易受冲动支配的人都由于心力贫乏；心力贫乏，所以综合力薄弱；综合力薄弱，所以人格分裂；人格分裂，所以某种观念可本其冲动力直现于行为，不受全人格的节制。催眠暗示的目的就在使某种观念脱离全人格而独立，本"念动的活动"的原则，发为自动机式的动作。所以受催眠者的心力必先已贫乏到不能以意志控制冲动的地步。不能以意志控制冲动就是精神病现象，比如睡行症就是如此。所以催眠状态自身就是一种病征，或者用耶勒的定义来说，"催眠不过是人造的睡行症"。

耶勒的学说有两个弱点。他想兼取巴黎派和南锡派的长处而结果适得两派的短处。一、他忽略日常暗示，只承认到睡行状态的才算催眠，这是踏了巴黎派的覆辙。二、他仍然拿"念动的活动"和"独一观念"解释催眠，对于催眠者与受催眠者中间的特殊关系没有解释，这是踏了南锡派的覆辙。

弗洛伊德的暗示说　巴黎派和南锡派虽然是对立双方，但是拿他们来比弗洛伊德派，他们却是同属于唯理派心理学的旗帜之下。弗洛伊德对于心理学的最大贡献就在打破唯理派的偏见，证明情感和本能在心理上占首要位置。他本来是夏柯和般含的徒弟，与巴黎派和南锡派都有渊源。后来他和勃洛尔合作，也还是利用催眠术去发现病人的被遗忘的记忆。从发现心理分析术以后，他才反对应用催眠术。因为隐意识作用须在与意识作用处对敌地位时才易见出，催眠术把意识作用完全取消，所以不适宜于探求隐意识的真相。但是他虽然不用催眠术，而对于暗示现象仍极注意，尤其是催眠者和受催眠者中间的特殊关系（rapport）。

他的学说基础本来是泛性欲观，所以解释催眠暗示时也还是不能丢开性欲。由他看来，催眠现象也还是性欲的表现，受催眠者把隐意识中对于父母的性爱移注到催眠者的身上，所以对于他所暗示的观念绝对服从。这个学说中有两个重要的概念：第一个概念是弗洛伊德所称呼的"马索奇主义"（Masochism）或受虐癖。马索奇是一位小说家，曾经描写过一个角色专以受爱人凌虐为至乐。马索奇主义就是对于性爱的对象绝对服从，甘受他的驾驭，甘受他的虐待。弗洛伊德以为这是性欲中一个重要的成分。受催眠者对于催眠者就是持着这种马索奇的态度。第二个概念可以称为"退向作用"（regression）。退向作用有两种：一种是由成人期退到婴儿期；一种是由开化期退到原始期。弗洛伊德在早年著作中着重第一种退向作用，以为在催眠中受催眠者的"来比多"退到婴儿期中所形成的俄狄浦斯情意综，把催眠者当作自己在儿时认为性欲对象的父亲或母亲。他的徒弟斐林斯（S. Ferenczi）把这个学说发挥得最详尽。弗洛伊德在晚年所著的《集团心理学与自我分析》一书中解释催眠暗示又着重第二种退向作用。他以为在原始时代每部落的酋长操有无上的父权，对于同部落的妇女都想据为己有，不肯让其他男子接近，因此他部下所有的男子都把性欲压抑下去，把"来比多"的潜力尽注在酋长自己身上，对他表示绝对的敬爱和服从。这种服从性经过无数年代的日积月累，到现在已成为人类的第二天性。在催眠中受催眠者对于催眠者就是还原到原始时代男子对于酋长的态度，和群众中一切暗示现象同理。

弗洛伊德的暗示说能否成立视其泛性欲观能否成立而决定。他的泛性欲观能否成立，我们要待讨论他的全部学说时再详细研究。不过有一点我们现在就可以提出。如果依弗洛伊德的主张，则可受催眠暗示者应尽为男子；而在事实上女子受催眠暗示反较男子为易。这一点就可以证明弗洛伊德的学说有些可疑了。

麦独孤的学说　现代心理学家中除耶勒和弗洛伊德两人以外对于催眠暗示贡献最大的要算麦独孤。他的学说可分两部：一部关于催眠；一部关于暗示。

　　关于催眠方面，他着重催成的睡眠和天然的睡眠在生理上的同点。向来心理学家对于睡眠状态很少注意过，麦独孤以为我们如果要懂得变态心理，先须懂得睡眠。我们何以有睡眠呢？要解答这个问题，我们先要问："我们在平时何以是醒的呢？"我们所以醒，一由于脑力健旺，二由于这健旺的脑力流通传达的神速。脑力从什么地方来的呢？第一个来源是知觉神经受刺激。知觉神经本有一种潜力，受刺激之后，它起化学作用，于是把这种潜力发散出来。第二个来源是本能。本能的生理的基础是知觉运动神经弧。某种知觉神经与某种运动神经之中有遗传的联络，所以该知觉神经的冲动力最易传达到运动神经而发为动作。这种知觉运动神经弧也有一种潜力，每逢它活动时，力也就发散出来。平时感官常受刺激，本能也常在活动，脑力不断地产生，这是醒的条件之一；但是只有健旺的脑力还不够，它须能从甲部神经很神速地传达到乙部神经，使思致灵活，应付敏捷。神经系统是无数神经细胞组成的，细胞与细胞之间有一种叫做 synopsis 的神经关节。要想脑力传达神速，须先使神经关节的抵抗力薄弱。神经关节在疲倦时抵抗力最强，因为在疲倦时神经过度活动所附带的化学作用产生一种有毒质的废物，这种废物可以减杀神经关节的活动。平时神经活动不过度，化学作用所产生的废物不致凝积不排泄，神经关节不受毒质的影响，所以传达脑力不生抵抗，这是醒的条件之二。这两个醒的条件不存在，这就是说，感官受刺激少（知觉神经的潜力不发散），易生情感的思念停顿（本能的潜力不发散），神经关节又因疲劳的结果而失其作用（抵抗力大），于是才有通常的睡眠。催成的睡眠也和天然的睡眠一样。它第一忌脑力健旺，所以催眠时须使感官只受最低限度的刺激，须极力不要想可以触动情感的事件；第二忌脑力传达神速，所以使注意力集中于单调的刺激，使神经关节易因疲倦而增加其抵抗力。在催成的睡眠中和在天然的睡眠中意识都呈分裂作用，因为神经关节失其作用，各部分没有联络和照应。但是催成的睡眠和天然的睡眠有一个重要的异点，就是催眠者和受催眠者的特殊关系。受催眠者对于一切是睡着的，而对于催眠者却仍是醒着的。催眠者须使受催眠者忽略一切而却不可使他忽略催眠者自己，所以须不断地和他作问答，不断地施用按摩及其他手术。受催眠者何以在失去一切意识时却仍能受催眠者的暗示呢？从生理方面说，神经系统中只有一条交通路是开着的，其余的都闭塞住，脑力都集中这一条路上（即对于催眠者的注意），所以这一条路上的脑力特别健旺，动作也特别灵活。从心理方面说，意识作用既分裂，暗示的观念不受任何观念的批评和阻止，所以容易实现于动作。

催眠必有暗示，而暗示却不必有催眠。所以解释催眠的学说不能概括暗示。关于暗示方面麦独孤另有一种较广泛的学说。他以为人和动物都有一种降服本能（the instinct of submission）。因有降服本能，一般群众才易受领袖的指导，社会才能存在。凡是暗示都须有降服本能做基础。降服本能的强弱视对方的威信（prestige）的大小为转移。所以政治首领和宗教首领的话较易得人听从，这就是说，他们的暗示力较大。在催眠中催眠者的威信随其成功而增加，所以第一步催眠如能成功，以后便一步容易似一步。

麦独孤虽然很攻击耶勒，说他过于保守唯理派的传统思想，他自己的学说虽然着重本能，可是他仍然注重分裂作用，仍然注重独一观念为催眠的重要条件，足见他并没有完全脱离耶勒派的影响。他对于催眠学说最大的贡献在寻出一个生理的基础。不过他的"脑的分裂说"（theory of cerebral dissociation）是否可以完全解释催眠也还是疑问。比如上文所说的消极的幻象以及暗示所致的有系统的麻木（例如受催眠者因暗示作用而不能察觉书中所有的 T

字母），都很难用"脑的分裂说"解释，这是麦独孤自己承认过的。

自暗示（auto-suggestion） 和催眠暗示相关的有自暗示。自暗示的学说，是新南锡派学者库维和鲍都文的特殊贡献。本来暗示有两个要素：第一，施诊者暗示某观念于受诊者；第二，该观念在潜意识中实现于动作。新南锡派学者以为第一要素实非必要。暗示的要点在使观念变为动作，至于把这观念暗示到心里去的人是他人或是自己，都不关紧要。自暗示就是自己向自己暗示一种观念，使它实现于动作。我们在日常生活中常于无意中实行自暗示。比如摆一块狭长的木板在地面上，沿着板面行走并不是一件难事；可是如果把它搭在两个塔顶上，没有练习过的人在上面走，必定战战兢兢，不几步就落下地了。这就由于自暗示。我们时时向自己说："这多么危险，我怕要跌落下去呀！"这个"跌落"的观念在心里站得很牢固，所以果然实现。不过这是天然的自暗示。库维所主张的是反省的暗示，是有意要向自己暗示某种观念使它实现于动作。他常教人每天早晚在睡前或是醒后凝神微诵："从种种方面看，我都一天好似一天。"许多人照这种办法做去，果然觉得身心日渐康健。有特殊毛病的人还可以施特殊的自暗示，比如体质羸弱的人可以自暗示说，"我的身体比从前渐渐强壮起来了"；或者患某种病时即用手按摩患病处自施暗示说，"这病渐消去了"。这种自暗示治疗常奏奇效，不特心理的毛病可以应用它，就是风湿症、肺病以及其他器官病都可以用自暗示治愈。欧战中就库维请诊的人每年至一万五千人之多，其信用大可想见了。

自暗示的秘诀在停顿意志，专任想象。比如我们夜间患失眠时常很执拗坚决似地向自己说，"我要睡得好，我要努力不去听四围的声音，我要努力把一切想头丢开"，结果往往是愈想睡而愈睡不着。鲍都文称这种意志为"反向的努力"（reversed effort）。失眠的人先已自暗示"失眠"的观念，心里深怕"我今夜又要失眠罢！"以后又努力反攻这种暗示，自己再三说"我要睡"。这种有意的努力不但不能反攻原来"失眠"的暗示，反而助长它的势力，所以叫做"反向的努力"。要免除这种反向的努力，最好是专任想象。比如实行自暗示补救失眠时，我们不必下决心，只是平心静气地躺着，想象睡的时候肢体如何轻松，头脑如何昏迷，不过几分钟睡眠自然会来的。

　　鲍都文在他的《暗示与自暗示》一书中曾设法替库维的治疗法树一个学理的基础。他的根本主张还是与南锡派的相同，就是拿"念动的活动"这个概念来解释自暗示现象。现在心理学界对于自暗示的争辩焦点在自暗示和他暗示的关系。鲍都文以为一切他暗示其实都是自暗示；麦独孤以为一切自暗示其实还是他暗示。不过这种争辩是无关宏旨的。

第三章　迷狂症和多重人格

　　耶勒和巴黎派学者都以为催眠状态是人造的迷狂病症,凡是可受催眠者都必先有迷狂症的根柢。这种学说虽没有博得一般变态心理学家的赞同,而迷狂症和催眠状态有很密切的关系,是无可置疑的。它们的心理基础是相同的;它们都是意识分裂的结果。我们在上文已详论催眠状态的道理,现在进一步研究迷狂症,就比较容易了。

　　迷狂症(hysteria)的种类极多,病征也极繁复。一只手的麻木是迷狂症,全部精神的错乱也还是迷狂症。从表面看来,这两种症候相差甚远,何以都属于迷狂症呢? 迷狂症是有深浅差别的。我们如果从最浅的说起,以后循序渐进,便不难见出它们相关联的线索了。

麻木　比如说一只手的麻木,所谓麻木就是失去知觉。知觉有三个必要条件:第一个条件是器官没有毛病,能够感受外来的刺激;第二个条件是知觉神经没有毛病,能够把刺激传到脑里去;第三个条件是知觉中枢没有毛病,能够感受这个刺激而发生知觉。在患迷狂症时,这三个知觉的要件尽管如常,而麻木的现象却仍不免。迷狂症的麻木是最奇怪的。比如手麻木时,麻木的部分恰到手腕为止,手腕以上仍照旧可感受知觉。有时这种麻木还可以用催眠由左手移到右手,或者把它完全消去。从此可知它并非起于器官的损伤而纯由心理作用。病人因器官损伤而患麻木的大半都很明了地意识到自己的麻木,觉得是一种憾事;但是因有迷狂症而患麻木的人对于自己的麻木却毫不介意,有时自己并且不知道,待医生检验时才发觉某部分已失去知觉。

此外还有一个重要的分别。器官损伤所生的麻木是完全失去知觉,麻木的部分好像是树的枯枝,完全不关自我的痛痒。迷狂症的麻木却不然。如把病人的眼睛蒙起用针刺激他的已经麻木的手,他虽不觉得痛,可是你如果立刻叫他把心里所想起的第一个数目说出,他所说的数目大半就和针刺的次数相同。这件事实就显然可以证明他并没有完全失去知觉。再比如说,你把他的眼睛蒙起,摆一枝铅笔或是一把剪刀在他的手里,东西不同,他捉的方法也就不同,捉笔是像平时捉笔的样子,捉剪是像平时捉剪的样子。如果他的手完全没有知觉,何以能够有这种分别呢? 他一方面似乎失去知觉,一方面又似乎没有失去知觉,除非他同时有两种意识,这种现象是很难解释的。

迷狂症的麻木大半在情感受了撼动之后才发生。耶勒曾经诊过一个女子,她的父亲临死之前,她曾用右手支持他的垂危的病体。他死了之后,她觉得异常疲倦,右半身便逐渐得了麻木的症候。迷狂症的麻木,不像器官损伤所生的麻木,很容易用催眠暗示医治。麦独孤曾经诊过一个双腿麻木的兵士,向他暗示说,"这种毛病可以逐渐消退,像脱袜子一样",以后他每天早晨在病人的腿上画一条线,说麻木已退到那个界线,如是逐渐退减,到最后那位兵士的腿果然完全恢复知觉。

瘫痪 麻木是失去知觉的能力,瘫痪是失去运动的能力。不能知觉的器官有时可以运动,不能运动的器官大半同时不能知觉,所以瘫痪比麻木算是更深一层。不过就迷狂症说,瘫痪的道理和麻木是相同的。它也是情感受激烈撼动的结果。有一个军官在战场上弯腰去拾敌人所掷来的炸弹,手没有伸到,炸弹就爆炸了。他幸而没有受伤,不过当时把口张得很大(这自然是恐惧的反应),张开之后就不能把它闭起,舌头也缩不转去。过了几点钟,舌头虽然逐渐缩回去,口虽然闭起,可是他完全变成一个哑子。这就是由于舌头瘫痪的缘故。迷狂症的瘫痪也不一定有器官上的欠缺,患瘫痪的人大半心里有一种固结的观念,自信某部分已失去运动的能力。如果医生能把他的固结的观念打破,瘫痪也自然消灭。

遗忘 麻木和瘫痪都是一种遗忘。本来有知觉的能力,把它遗忘了,于是有麻木;本来有运动的能力,把它遗忘了,于是有瘫痪。但是麻木、瘫痪都只是局部的遗忘。有时病人把过去几十年的生活状况都遗忘了。这也大半是情感受过激烈的撼动的结果。在欧洲大战中兵士因恐惧过度而得惊弹症(shell shock)的常呈这种现象。麦独孤曾经诊过一个患惊弹症的兵士,看见他的举止动静一如常人,和他谈话,他的应对也很有条有理,只是问他自己过去的生活,他完全不知道。他是什么地方人,从前在什么营里当兵,他自己叫做什么名字,他都忘记了。有一天病院里来些热带地方的伤兵。他看见那些伤兵所戴的热带地方的帽子,就猛然兴奋起来,立刻去找医生到热带伤兵的房子里去看那些帽子。医生就猜着他是在印度当过兵的,就把自己记得起的英国驻印度军队的名称写给他看。他看得很有趣味似的,瞬息之间他恍然大悟,把所遗忘的经验通记起来了,津津有味地向医生从头谈到尾。他所看见的热带地方的帽子好比一条导火线,把他前半生的记忆都燃着了。

有时遗忘只限于致病的悲痛的经验。普林斯曾经诊过一个怕见钟楼的病妇。她自己完全不知道何以一看见钟楼心里便觉得悲痛。普林斯仔细研究,发现这个病源在二十五年以前就开始了。那时她才十五岁,是她母亲病死的那一年。病室旁有一座钟楼,她母亲死时适逢钟鸣。钟楼和当时的悲痛的情感发生了联络。她很怕回想母死时的情况,因为她以为母亲的死要归咎她的侍奉不周到。所以她把母亲病死的一段痛史完全遗忘了。但是原有悲痛的情感依旧附丽在钟楼的观念上面,所以她怕见钟楼。

遗忘是迷狂症的一个极重要的症候。所谓遗忘,就是意识的分裂,一部分经验留在主意识境内而另一部分则降到潜意识境内去了。耶勒和弗洛伊德的学说异点就在解释遗忘一点见出,耶勒把被遗忘的致病的经验叫作"受伤记忆"(traumatic memories),以为心力疲竭,自我失去综合力,它们才分家独立;弗洛伊德以为被遗忘的全是欲望,因为和道德习惯不相容,硬被意识压抑下去了。这个分别待下文详细讨论。

拘挛 麻木、瘫痪、遗忘都是消极的病态。但是迷狂病人又常突如其来地发出平时所不经见的动作。这种积极的病态通常叫做"拘挛"(convulsion)。从表面看来,"拘挛"虽似和瘫痪相反,其实成因是相同的。某种运动的能力从主意识分裂开来之后,在潜意识中固结起来。主意识上台时,该运动就不能发生,于是有瘫痪;潜意识上台时,该运动不受意识的节制,便不断地发生,于是有"拘挛"。拘挛也大半是情感受激烈的撼动的结果。耶勒诊过一个十六岁的女子,在病发作时常将右腕翻来覆去,将右足时时提起放下。这种拘挛动作是怎样得来的呢？原来她的家庭极穷，有一天听见父母诉苦，很受感动，因而得了迷狂症，在病中常叫"我要做工！"她的职业是做木偶眼。做这种工作时，她须用右手翻转机器的轮子，用右足踏机器的踏板。她病中的拘挛动作，就是她做工时的动作在潜意识中发生。这种动作不受意识作用的支配，往往动非其境，动非其时，所以从旁人看来，非常奇怪不可解。

睡行 迷狂症的最普遍的症候是睡行。睡行也有深浅程度的差别，深的同时兼具上文所说的麻木、瘫痪、遗忘、拘挛各症。睡行者所发的动作是千篇一律的，比如这次病发作时他抱枕头上屋顶，下次病发作时他也还是玩这一套老把戏。平时所有记忆和知觉与睡行动作无关的在睡行中都失其作用；反之，睡行醒后，睡行中的动作和见闻就一齐被遗忘，平时的记忆和知觉又恢复原状。平时所不能发出的动作在睡行中可以发出，平时已失其作用的器官在睡行中也可以作用起来。双腿都患瘫痪的人在睡行中往往比平时跑得更灵速。这些事实都可以证明睡行中的意识和前后的意识是不相联贯的。睡行中的动作大半是复演过去的一段悲痛的不愿回忆的情景。最著名的例子是莎士比亚戏剧中的麦克白夫人。她唆使丈夫杀了在她家做客的国王之后，夜间在梦里爬起来作洗手的动作，因为她想把血洗净，把罪戾摆开。睡行的动作有时是象征的，麦克白夫人的洗手姿势也是一个好例。

在精神病学史上，耶勒所诊治的艾琳（Iréne）是一个睡行的名例。她是一个极穷的孤女，母亲患肺病，她一边看护，一边做苦工赚衣食，一直支持到两个月之久，终于没有效果。她母亲死了，她仍然不相信，用力把尸体扶上床去，好像是请她安眠似的。以后她便时常发迷狂症。每次都是复演母亲死时的经过。她想象她的母亲仍然活着，和她津津有味地对谈。最后她仿佛像是和母亲商议自杀，议定去卧在火车轨道上让车辆碾死。立刻间她想象火车已快到了,伏手脚卧在地板上,好像地板就是车轨,瞪着大眼在战战兢兢地等着死。过一会儿她猛然放声大叫,好像真被火车碾死似的,躺着像一具僵尸。每次病发作时,她的动作都只是这一套。醒后她就忘记睡行中经过,和常人是一个样子。

迷逃　睡行症发作时最多不过数小时就可以醒过来。有时睡行状态可以支持到几个月之久才醒,而且睡行中的动作虽与本来身分和性格都不相称,却能适应环境,与通常有理性的动作没有差别,不过醒后仍被遗忘。这种症候通常叫做"迷逃"(fugue)。耶勒所诊治的鲁(Rou)就是一个名例。鲁家里很穷,母亲曾患过精神病,他自己也不很健全。平时他在一家小店里做粗工,附近有一家水手常去的酒店,他也常时去光顾。他常和水手们在一块吃酒,醉后水手们爱讲非洲的人情风俗,鲁听见觉得很有趣;但是这是醉时的高兴,醒后他还是做他的粗工,决不曾起过游非洲的野心。有一次他在精神衰弱中猛然离家逃到海边,想乘船到非洲去。他没有川资,只得在船上当苦力。他虽然很受虐待,但是心里想到不久可以到非洲还很怡然自得。不幸得很,他的船须在中途停止,他于是打陆路走。他没有饭吃,所以跟着一个补碗匠做徒弟,东西奔走了几个月。有一天逢八月十五日,他的师傅提议吃酒,他猛然吃一惊,想起来那是他母亲的生日。这一惊就把他惊醒了。他张开眼睛一看,看见他朝夕所看守着的杂货店不在那里,四围的人物也都漠不相识。补碗匠说他是他的徒弟,他绝对不相信。他把几个月做船工和补碗的经验一齐忘记了。

两重人格　这种迷逃症其实就是两重人格的现象。迷逃的是一重人格,做杂货店伙计的又是一重人格。如果拿意识说,做伙计的是主意识的生活,迷逃的是潜意识的生活。出现两重人格有时是由于精神衰弱。耶勒所诊治的 Félida X 是一个患迷狂症的女子。她本来很颓丧怯弱,可是每逢迷狂症发作之后,便变成一个很活泼伶俐的女子。有时精神并不衰弱，身体受强烈震撼，也可以发生两重人格。莎笛斯（Boris Sidis）所诊治的汉拿（Hanna）便是个好例。汉拿是一位少年牧师，身心本来都很健旺。他有一天失慎，从高的地方跌落下来，以后便不省人事。他躺在床上，好像一个新下地的小孩第一次睁开眼睛看世界一样，什么都不认得，什么都不懂得，话也不会说，手足也不会运动，饿的时候连东西都不会吃。但是他的智力并没有受损，像小孩子一样，遇见移动的物件，就感觉到极浓的趣味。他的学习的能力尤其使人惊异。听到一个字以后就不会忘记。他本来不会弹五弦提琴，现在他学弹，在几点钟之内就学会了。他跌落后本来像初生的小孩一样蒙沌，可是过了六个星期，他把许多东西都学会，谈话就很有条理了。我们姑且把他原来的人格叫做 A，把这新得来的人格叫做 B。B 和 A 不同，在学习的能力固然可以看出，而字迹的分别尤其明显，A 原来的字体和 B 新学的字体完全是两样。A 所有的经验，B 都不能记得。但是 A 的经验已完全消灭了么？这却又不然。B 梦中所见的人物，据他的亲友的报告，都是 A 所熟知的；可是 B 醒后只觉得这些人物奇怪。A 原来懂得犹太文，B 却没有学犹太文。在催眠中催眠者向 B 念一段 A 所能背诵的犹太文，B 接着就背诵下文；但是 B 对于该段犹太文的意义却甚茫然。医生没有办法把他的毛病医好，知道他在纽约居得很久，于是把他带到纽约去，希望那里他所熟悉的人物风景可以引起他的记忆。他到纽约第一夜睡醒过来，就完全恢复 A 的旧态，把从跌落起到回纽约止两个多月的经验（就是 B 的人格）都遗忘了。但是 A 只现了一天，第二夜睡醒过来，他又是 B。A 和 B 如此反复交替，过了一个星期之后，汉拿心中仿佛经过一番激斗，好像是 A 和 B 都同时争现，他于是同时记起 A 和 B 的经验，可是觉得 A 和 B 仍然是有些隔阂。分裂的人格经过这一番综合以后，汉拿的病就消失了。

多重人格　以上所说的只是两重人格,有时意识分裂之后,结果可以有几个不同的人格反复交替。普林斯所研究的 Miss Beauchamp 是一个最有名的例子。她(以后简称 B)一个人现过四重人格,普林斯把她们叫做 B1、B2、B3、B4。B 幼时精神过敏,家庭又常有不幸的事故发生。父母不和,母亲待她很苛刻;但是她对母亲却很孝敬。母亲死时,她才十三岁,觉得非常悲恸。她随父亲居了三年,耐不过家庭的凄惨,于是私逃出去。到了十八岁时她在医院里当看护妇。在这个时期她和 G 君发生一种柏拉图式的纯爱。有一夜大风暴,B 正坐在看护妇室里,猛然看见窗外有人伸头探望,仔细审视,原来那就是 G 君。大风雨之夜窗孔突如其来的伸入男子的面孔,本可以使神经衰弱的女子受惊,而 G 君又似乎进来吻了她,这种举动更叫洁身自好的 B 觉到强烈的情感的震撼。以后她的性格就完全变过。她现在很虔信宗教,刻苦自励,虽不好社交而却温文和善。本来当看护妇,现在她进学校做学生了。在校成绩极好,整天地抱着书本子,不肯出去游戏。这个新性格普林斯称之为 B1,保持到六年之久(十八岁到二十三岁)。在二十三岁的那一年,她就诊于普林斯。普林斯用催眠术来治疗她,发现她在催眠状态的性格(简称为 B1a)与 B1 并无大差异。但是后来在较深的催眠状态中,B 又现出一种新性格,与 B1a 完全不同。B1a 只是 B1 受了催眠,而这个新性格(简称为 B3)则和 B1 相反,不在催眠中也常出现。B 在这第三期状态中自称为 Sally,把 B1 看成另一个人,称之为"她"。B3 很富于孩子气,好游戏运动,对于泅水、踢球等等特别起劲。B1 原来很温文有礼;B3 却很粗俗。B1 原来很有学问,通拉丁文和法文,写字也很清秀;B3 则像没有受过教育,不懂得拉丁文和法文,写字也很粗拙。B3 出现后常与 B1 反复交替,此来则彼去。可是 B 的性格变化还不仅此。她在就诊的第二年,时二十四岁,有一晚把普林斯误认为七年前使她受惊发狂的 G 君。这种错觉又叫她经过一番情感的震撼。她又现出一个叫做 B4 的新性格，与 B1 和 B3 都不相同。B1 是"圣人"的性格，B3 是"孩子"的性格，而 B4 则为"女子"的性格。B4 性情很暴躁，稍不如意，便怒形于色。她很好社交，对于宗教学问都不感兴趣。B1 的体格很柔弱，B4 则颇强健。B3 极藐视 B4，把她叫做"傻子"。从二十四岁以后，B 有三重人格，即 B1、B3、B4 反复交替，某一重人格现在意识阈时，则其他两重人格都藏到潜意识里去。B 已有三重人格，既如上述，后来 B4 受深催眠，又另有一个叫做 B2 的新性格出现。B2 可以说是 B1 和 B4 综合而成的，一方面没有 B1 的颓丧畏葸和宗教热，一方面也没有 B4 的暴躁轻浮和自私。她处世很和平坦白，言动也自然合度。总之，她兼有 B1 和 B4 的优点而没有她们的劣点。B2 出现之后，B3 就完全消灭，不再出现。普林斯把 B2 看作 B 的健全人格。B2 分裂之后才有 B1、B3 和 B4。B 的精神病即起于这几重不同的人格的冲突。

以上诸症的联贯　我们仔细分析以上诸症，由局部的麻木、瘫痪到全部意识的遗忘，由拘挛动作到睡行和迷逃，由睡行和迷逃到多重人格，可以见出它们一层深似一层，同受意识分裂这个原则支配，分裂少的为麻木、瘫痪，分裂多的为多重人格。有一派心理学家以为在多重人格中所分裂开来的意识自成一种人格，即自有一种"自我"；在局部的麻木、瘫痪中所分裂开来的意识，则如同壁虎的断尾或是老树的枯枝，不受任何"自我"统辖。其实这两类症候中间并无不可跨越的鸿沟。多重人格中分裂开来的意识固然自成一种自我，即麻木、瘫痪中分裂开来的意识也莫不受一种"自我"统辖，否则用针刺麻木的部分，病人何以还能隐隐约约地感觉到刺的回数呢？何以在催眠状态中还能记起刺的经过呢？刺时主意识没有觉到痛感而潜意识却已把刺的经验储蓄在记忆里，可见局部麻木已是两重人格的萌芽了。

耶勒的迷狂症说：同催眠说　迷狂症和多重人格固然同理，和催眠状态也很类似，我们只要把本章所说的各种现象和上章所说的各种催眠现象略加比较，便可以见出类似的地方。本章所说的麻木、瘫痪、拘挛各种现象在催眠状态中也常发现，催眠状态和醒时状态的交替也可以说就是两重人格的交替。因此，许多学者解释催眠的学说都可以应用来解释迷狂症和多重人格。最重要的自然是耶勒的学说。耶勒把催眠状态看作人造的迷狂病征，我们在上章已经说过；我们也可以把这句话倒转过来说，迷狂病征就是天然的催眠状态。它们同是意识分裂的结果。耶勒的意识分裂说在前两章中已经介绍过，现在只提纲复述几句以唤起读者的记忆。意识所感受的经验原来是一盘散沙，因为"自我"把它们综合起来，它们才联贯成一个完整人格。综合作用须有心力去维持。如果心力先天便已亏弱或是在后天因情感撼动而疲竭，则综合作用薄弱而意识便呈分裂的现象。分裂开来的意识成为"固定观念"；固定观念就是"受伤记忆"，是潜意识的结核，也是精神病的原因。精神病人因为心力疲竭，没有勇气去解环境的困难，不得已只将已尝试而失败的动作，再重新尝试一遍。他好比扑灯的蛾子，无论是如何失败，总是依旧向火光乱扑。这种屡经失败而不肯放手的动作久而久之便成为习惯动作，不假思索而自动，不复受意识裁制，不复与其他日常行为相融贯，不复同化于完全人格。这就是说，它成为"固定观念"或"受伤记忆"，常机械式地驱遣病人作奇怪的动作。上述艾琳演母死时情况，做木偶眼的女子翻转右手和移动右足，就是受这种固定观念的驱遣。固定观念不受自我节制，所以自我不能意识到它，它也不能意识到自我。因此，主意识和潜意识更班隐现，彼此漠不相识。观此可知迷狂症多重人格与催眠状态的成因都是相同的。

普林斯的并存意识说　普林斯的思路大体和耶勒的相同，他们都注重意识分裂作用。不过普林斯有两点异于耶勒：

一、普林斯新添"并存意识"（co-consciousness）一个概念。他把"潜意识"分为"并存意识"和"无意识"两种。"无意识"有两大成分：一为曾在意识中而现在保留于神经痕的经验，即寻常可复现的记忆；一为始终不入意识界而只保留于神经痕的经验，即所谓"生理的记忆"。"并存意识"则为可与"主意识"同时感觉刺激，同时回忆往事的潜意识。每顷刻中某情境或某事物的意义只有一小部分占住意识中心，其余大部分都在意识的"边缘"（fringe）。何者在中心，何者在边缘，则随当时所引起的兴趣为转移。这种边缘意识是最值得研究的现象。说它是"意识"么？它是自我当时所没有察觉到的。说它不是"意识"么？它又可用催眠术召回到记忆中来。比如我陪一个女子吃茶谈话，当时不曾注意她穿怎样形式的衣服，所以事后有人问我，我不能回答；可是如果我被催眠，则我有时可以把她的衣服描写得一字不差。如果边缘意识不是意识，在催眠中它何以能复现于意识呢？普林斯把这种边缘意识称为"副意识"（secondary consciousness），以别于占住中心的"主意识"。副意识就是并存意识的雏形。普通人都有并存意识；但是因为意识的综合力强，它附在主意识之下，不独立露头角。在患精神病者的心理中"并存意识"往往因分裂作用，脱离主意识而独立营生，于是它露得最明显。患精神病的人常可作"自动书写"（automatic writing）。比如摆一枝笔在他的手里，同时用针刺他的麻木皮肤，他虽然丝毫不觉得痛感可是提笔的手则在描写针刺的经验。他既能描写，就不是没有意识到，不过主者是并存意识不是主意识罢了。

二、普林斯不赞同耶勒的心力疲竭说。在他看，患精神病者并不完全缺乏综合力。如果完全缺乏综合力，则所有系统都应分裂成为一盘散沙；但是实际上它并不如此。比如说两重人格，全人格虽然分裂为第一重人格和第二重人格；而第一重人格和第二重人格自身则都没有分裂,它们所含的经验仍各综合在一块成为系统。从此可知综合力薄弱说是不足为凭的。普林斯所用来代替的是排挤(inhibition)说。情感和兴趣在某一时间之内都集中于某一焦点,把焦点以外的事情都"排挤"去了。心无二用,在盛怒时喜的情感便被排挤;兵士专发展争斗侵略的本能,久之其他本能和情感如恻隐畏避等等都被排挤,这是最浅显的例子。"排挤"何以必致"分裂"呢?可分裂的大半是情操。本能很少完全被排挤。它是单纯的冲动,如果完全被排挤就是被消灭,因为它不能借观念留神经痕为复活的导火线。情操是情感和观念的混合物。比如爱的情操包含对于所爱者的情感和关于所爱者的观念两要素。凡观念都留有神经痕。所以情操虽被排挤,而附丽于情操的情感还可以依附情操所包含的观念而潜在于神经痕。后来如果不再有别的情操排挤它,则原来被排挤的情操还可以因观念复现而复现。情操被排挤后,有潜在即复现的可能,就是分裂作用的可能。被排挤的情操、机能或观念往往以类相聚,并且"掠夺"意识中相类似的或有关系的情操观念或机能以自肥,久而久之,遂形成两重人格或多重人格。

普林斯的学说大半根据多重人格的研究,尤其是上面所说的Beauchamp的例子。他的并存意识也有些学者还以为可疑。并存意识的主者或自我(subject, or ego)是一个还是两个呢?如果承认每重人格各有"自我",则不啻说一个人同时可以有许多自我。如果人格虽多重而自我则仍整一,则边缘意识无自觉之说不能成立。因为有意识就要有意识者,有知觉就要有自我,自我既然整一,则边缘意识与中心意识都同受一个自我照顾,没有所谓"并存意识"。

分裂问题的难点 一般学者虽然公认催眠、迷狂症和多重人格都由于意识分裂,而意识究竟为何分裂,如何分裂,则人人异词。我们在本章只说到耶勒和普林斯的学说,在上章说到麦独孤的"脑的分裂说"，在下文还要讲弗洛伊德的学说，此外还有许多其他的次要的学说，我们姑且丢开。这些不同的学说都没有把意识分裂作用解释到无可置疑的地步。

分裂现象有许多不可解的地方。最难的就是片面的分裂。如果分裂之后，主意识 A 和副意识 B 完全划开，A 把 B 遗忘而 B 也不能意识到 A，则耶勒、普林斯、麦独孤诸人的学说都可以勉强成立；但是实际上分裂现象并不如此简单。有时 A 不通 B 而 B 却能通 A，普林斯的 Beauchamp 就是一个好例。B 的 B1、B3、B4 三重人格的关系何如呢？B1 和 B4 的分裂是绝对的。B 为 B4 时把 B1 时代（十八岁至二十三岁）六年的历史完全遗忘去了；她由 B4 还到 B1时，B4 的经验也记不起。但是 B1 和 B4 与 B3 的分裂便只是片面的。B1 和 B4，都不能知觉 B3，而 B3 则能知觉 B1 和 B4。B3（即 Sally）尝做自传，说自己对于 B1 和 B4 的经验都能记得清楚，只是觉得她们不是自己的。她说："她们的情感和知觉我虽能意识到，可是那些东西究竟是属于她们的。我自己的意识之流和她们的绝不相混。"从此可知 B1 和 B4 虽与 B3 分裂，而 B3 却仍没有与 B1 和 B4 分裂。

片面的分裂在深催眠状态中也可以见出。在未施催眠之先，催眠者可以和受催眠者讨论一个问题；在谈得很起劲时，猛然用简单的命令将他催眠，然后再继续讨论原来的问题。他在这时候的反应如何呢？他仍旧记得未受催眠时所谈的话，仍旧能回答催眠者质问，他所发表的意见仍旧和他在常态中的身分相称。从表面看来，他应答如流，好像是和在常态中一样；可是他实在是在催眠状态中，因为这个时候他全是被动的，有问才有答，不自动地发表言论。如果催眠者在这个时候发命令把他唤醒，再继续和他讨论原来的问题，他的反应又如何呢？奇怪得很，他又回到催眠前的话头，把在催眠中已经发表过的意见再申述一遍，好像他并没有说过似的。从此可知由常态转到催眠状态，心理方面并无裂痕，由催眠状态回到常态，裂痕就很鲜明。在催眠状态中，主者可以利用常态中的经验，而在常态中他却不能利用催眠状态中的经验。这就是说，催眠状态中的意识分裂也是片面的。

片面分裂的事实拿耶勒、普林斯、麦独孤诸人的来解释，都不能解释得通。因为如从耶勒的学说，分裂作用由于综合力的失败，而片面的分裂仍寓有片面的综合。如从普林斯说，分裂作用由于排挤，而就上例看，主意识虽把潜意识排挤去，潜意识却没有把主意识排挤去。如从麦独孤说，分裂作用由于神经关节（synopsis）增加抵抗力，不让神经细胞所蓄的力自由流通，而就上例看，潜意识既可利用主意识的经验，则主意识作用时所需要的脑力仍然可以流通到在潜意识中活动的神经细胞方面去。照这样看，催眠迷狂症和多重人格都起于意识分裂虽有确证，而意识究竟如何分裂，它的心理机械究竟如何，还是一大疑案。

第四章　压抑作用和隐意识

　　我们在前两章所介绍的意识分裂说还有一个最大的弱点,就是它的立场全是传统的理智派心理学,偏重观念而藐视本能和情感。其实人类行为的原动力是本能和情感而不是观念。离开本能和情感,观念自身不能直接影响人格的发展,也不能造成人格的分裂。耶勒派学者没有抓住这个基本原理,所以翻来覆去,始终不能把意识分裂的原因解释清楚。

　　弗洛伊德的最大贡献就在打破理智派心理学而另建设一种以本能和情感为主体的心理学。他也承认意识分裂是事实,可是他否认事实就是学说,他自己却要替分裂作用寻出一个原因。这个原因他以为在情感本能的冲突。两种情感或本能不相容,较强者把较弱者勉强压抑下去,较弱者于是成为隐意识,在暗中仍时常窥隙乘衅，想闯入意识的领域。总而言之，变态心理的成因和现状都是有动性的（dynamic）。

谈疗 乍看起来，弗洛伊德的学说似乎很怪诞；但是这是由于没有明白它的发生经过的缘故。如果我们做一番历史的研究，看看他的某一种学说是从某一种经验得来的，许多浅薄的非难就不至于出现了。弗洛伊德是维也纳人，少时在巴黎研究医学，亲承过夏柯、般含诸大师的教益。那时候耶勒也已经享盛名。所以我们不能假定他对于意识分裂的学说没有听得烂熟。他本来是在巴黎派的窠里养育起来的，后来何以成为巴黎派的劲敌呢？这可以说完全是由一个机会造成的。

一八八六年他从巴黎回到维也纳，一位名医在诊治一位患迷狂症的女子。医生叫做勃洛尔（Breuer）。他的病人平时很孝敬父亲，她的病就是在看护父亲的病的时期得的。病征是麻木瘫痪，精神错乱，最奇怪的是在盛夏极渴时不能饮水，杯子刚举到唇边，她就把它推去，好像是有不可言喻的嫌恶。勃洛尔发现她在精神错乱时常喃喃呓语，他把这些呓语记起，然后把病人催眠，再把呓语中的字句复述给她听，叫把那些字句所唤起的联想一齐说出。她因此联想起许多致病的苦酸的记忆，这些记忆一经唤起说出，她醒过来后病势就减轻。比如说不能饮水的毛病是如何得来的呢？她记得有一天去看她所痛恨的保姆，看见保姆的狗从一个杯子里饮水，她心里顿时就发生极强烈的嫌恶，因为怕失敬，没有敢表示出来。这种被压抑的情感在她隐意识中作祟，所以她生了不能饮水的毛病。她在催眠中把这段记忆告诉了勃洛尔，心中立刻便畅快起来，不能饮水的病征也就消灭了。因为把苦痛的记忆说出之后，病就痊愈，所以勃洛尔把它称为"谈疗"（talking cure）。施行这种治疗时，病人只是不动声色地把与病征有关的记忆说出还不见效，他必须有很强烈的情感的表现，让被压抑的情感得尽量发泄，病才能痊愈。被压抑的情感好像是心里一种肮脏，发泄之后，心里才得清净，所以谈疗又叫做"净化治疗"（cathartic treatment）。

按压法 弗洛伊德觉得这个病例和它的治疗法都大有研究的价值。他费了许久的功夫去研究类似的症候。病人的致病的记忆要在催眠状态中才能唤起，而许多病人却不能受催眠，于是弗洛伊德的紧急问题就是如何可以帮助病人唤起遗忘的记忆。在这个时候他记起从前在般含的诊病室里所见过的关于后催眠的事实。受催眠者对于深催眠状态中的经过大半都不能记起，般含硬说他们能够记起，劝他们极力回想，结果他们往往果然能够逐渐把所遗忘的事情召回到记忆里来。弗洛伊德根据这件事实作一个很重要的结论：在催眠后既可以唤起被遗忘的记忆，则在生病后，被遗忘的致病的记忆应该也不难依法唤起。所以他把催眠术丢开，专叫病人在醒时极力回想过去的经验。到病人说实在记不起时，他告诉病人说："你还努力去想，我停一会儿用指头按压你的额头，我一按压，你就能把遗忘的经验回忆起来了。"这种按压法（pressure method）自然也有时不立刻就奏效；但是如果医生和病人都有一点耐性，遗忘的记忆大半可以慢慢地用这个方法召回。

抵抗力 不过按压法究竟是很费气力，病人回忆遗忘的经验究竟不是易事。这件事实是很值得盘问的。遗忘的经验既然不是绝对不能召回到记忆中来，它何以如是迟迟其来呢？它本来好像是随时都可以浮上心头来，只是有一种力量在那里拦阻它。病人不肯向医生说心里话，也就是因为这种抵抗力（resistance）的缘故。医生如果要医好病人，要帮助病人把与病征有关的记忆召回，一定先把这种抵抗力打破。抵抗力的目的在拒绝已遗忘的经验回到记忆。弗洛伊德因而推想到：抵抗力现在既然要维持遗忘，当初致令病人遗忘某种经验的也必定是它。它不肯解铃，因为铃子原来是它自己系上去的。弗洛伊德的压抑说就是根据这种推理发展出来的。一言以蔽之:现在抵抗某种经验回到记忆的力量就是从前把该经验"压抑"到遗忘境界的力量。

弗洛伊德又进一步追问道:这种抵抗力,这种压抑的原动力,究竟有什么样子的性质呢? 他把所知道的迷狂症的病例摆在一块,看通常病人所最易遗忘的而且遗忘之后最不易记起的是哪一种经验。他发现凡是病人所遗忘的都是很苦酸的经验,凡是他所不能记起的都是他所不愿记起的。他发现病人所要压抑下去不使旁人知道,不使自己再想起的,大半是一种可羞恶的与道德习惯不相容的欲望。他因而断定原来这种欲望发生时,心中起过一种激烈的情感的冲突,结果与现在抵抗力相同的力量把那个可羞恶的经验压抑下去了。所以原来的压抑作用和现在的抵抗力都是一种防卫心境安宁的机械。

一个压抑作用的实例 弗洛伊德在这个时期分析了一个患迷狂症的女子,可以引来说明压抑作用。她平时很敬爱她的姐夫,她以为这是至亲骨肉中应有的情谊,自己却不曾知道她对于姐夫的敬爱实出于寻常亲戚情谊之上。有一天她和母亲正在外面旅行,猝然间得到她姐姐的病耗,匆匆地回到家里,可是她姐姐已先死了。在灵床前面,她心头忽然浮起一个念头,自己向自己说:"现在他自由了,可以娶我了。"她顿时就觉得这个念头可羞恶,把它极力压抑下去了。此后她就得了迷狂症,把灵床前一番经过完全忘记。弗洛伊德设法使她把这遗忘的经验回忆起来,她回忆时经过一番激烈的情感撼动,后来病就痊愈了。在这个病例中,两种情欲互相冲突:一方面她的原始的本能驱遣她爱她的姐夫;一方面教育的影响和社会的势力又使她对于这种念头觉到羞恶。结果她挟全人格的力量把这个可羞恶的欲望战胜了。

何谓欲望 耶勒注重分裂作用,所分裂的为观念;弗洛伊德注重压抑作用,所压抑的为欲望。要懂得压抑作用,先须懂得弗洛伊德的所谓"欲望"（wish）。像一般经院派心理学家一样，弗洛伊德也把神经系统看成由许多反射弧组成的，一边弧脚代表知觉神经，另一边弧脚代表运动神经。知觉神经所受的刺激都有传达到运动神经的倾向。在这种神经的流动传达的过程中有一种心力发散出来。这种心力（psychical energy）相当于弗洛伊德所谓"情调"（affect），如果淤积起来，精神就起兴奋状态，使主者觉得不畅快。它在何种状况之下才会淤积呢？在运动神经得到知觉神经所传来的刺激冲动，遇到某种阻力而不能现为行动的时候。如果运动神经得到知觉神经所传来的刺激冲动时立刻就发生行动，心力便得发泄而不致淤积，精神也由兴奋而降为和平。在这个时候，主者可以觉到一种快感。人人心中都存有寻求这种快感的倾向，都想把淤积的心力发泄于适当的行动，这就是弗洛伊德的所谓"欲望"。比如婴儿饥饿时，肠胃的知觉神经感到饥饿的刺激，神经系统中便发散出一种心力，如果这种心力不能发泄于吸吮咀嚼的动作，婴儿便感到不畅快。淤积的心力泛滥横流，其结果往往使婴儿起两种不同的反应：一种反应就是让心力流回到知觉神经弧，把从前饱尝甘旨的味道回想起来，引起许多聊慰饥渴的幻想；一种反应就是让心力乱流到不适当的运动神经，发出啼号跳蹦诸动作。但是如果他的保姆拿东西给他吃，他立刻就会眉开眼笑，觉得舒畅起来了。

快感原则　欲望在婴儿时代最占势力，婴儿的全部生活都可以说是受欲望支配的。他心中没有羞恶的观念，凡是投他所好的东西，他都要据为己有，不管旁人怎样议论他。他处处都要满足自己的欲望，处处都要寻求快感。这就是弗洛伊德所说的"快感原则"（pleasure principle）。弗洛伊德把快感原则看作支配行为的最原始的法则，所以麦独孤把他纳入"享乐主义的心理学派"里去。

欲望何以被压抑　人是社会的动物，不能一味自私，所以不能一味遵照快感原则。如果他一味遵照快感原则，就不免侵犯旁人的幸福,扰乱社会的安宁。社会上许多道德的信条以及法律的规定都是用来限制人尽量以快感原则支配生活的。婴儿的社会观念极淡薄,所以只知寻求快感,不问所求的快感是否与社会生活相容。比如看见香甜的糖果,他就老实不客气抓来大嚼。后来年龄渐长,教育和习俗的影响渐深,他于是发现自然欲望往往与道德法律习惯等等不相容,于是知道节制欲望以顾全体面,知道牺牲较近较小的快感,以求较远较大的幸福。总而言之,他发现自己除寻求快感以外,同时还要能适应现实;他的行为标准于快感原则之外又加上一个"现实原则"(reality principle)。

行为既先后受两种原则支配,心理的发展也因而形成两种系统。在婴儿期全受快感原则支配,全受本能驱遣,所形成的最原始的心理的冲积层叫做第一系统(the primary system)。后来受过教育的影响,知道以理智箝制冲动,以事实纠正幻想,不肯赤裸裸地流露本性,这种现实原则所产生的是第二系统(the secondary system)。第二系统并没有放弃快感原则,不过第一系统寻求快感是冲动的,盲目的;第二系统寻求快感是有计算的,是不惜为将来牺牲现在的。比如婴儿见着香甜的食品立刻吵着要吃,是全凭快感原则,后来知道这样不讲礼反而遭大人的禁止,倒不如先做出斯文君子的样子以博得大人的欢心,结果既可得美名,又可得实惠;这样走迂回的路径达到目的,就是遵照现实原则。

第一系统与第二系统不相冲突时,它们可以携手合作。但是在现代社会里,本能的生活和礼教的生活相差太远,第一系统常与第二系统不相容,在第一系统可生快感的在第二系统反生痛感。这是什么缘故呢? 这里我们须明白弗洛伊德的本能说。

弗洛伊德的本能说 第一系统和第二系统不但根据两个不同的原则,它们后面的本能也不一致。依弗洛伊德说,人类本能根本只有两种。最重要的是性欲本能;它的用处在绵延种族,是第一系统的最大原动力,大半根据"快感原则"而发展。其次为自我本能;它的用处在保存个体,是第二系统的最大原动力,大半根据"现实原则"而发展。性欲本能是弗洛伊德心理学的奠基石,我们当于下章专门讨论它,现在只要交代一句话,就是弗洛伊德所谓性欲,意义极广,许多自然欲望,许多情感,在弗洛伊德看,都是性欲的变相。社会对于性欲的表现裁制极严,自我本能又极力求迎合社会,所以第一系统和第二系统遂发生激烈冲突:一方面性欲本能驱遣我们顺着自然的冲动寻求肉感的满足;而另一方面自我本能又驱遣我们实现"自我理想",服从社会所推尊的道德和法律。因此,人心就成为欲望和社会影响的激斗场,结果往往是社会影响战胜欲望。这就是所谓压抑(repression)。被压抑者是欲望,压抑者是社会影响所造成的"自我理想",是意识中的人格观念。

隐意识　欲望被压抑之后,并非完全消灭,不过是逃到隐意识中去了。什么叫做隐意识呢?

我们先要知道什么叫做意识。从前旧心理学家把"意识"和"心"看作可互换的同义词。后来他们才把"意识"和"无意识"分开,凡是自己临时觉得到的心理活动叫做意识。意识是流动的,这个时间中在意识之流里的心理活动移一个时间就落到意识之外。这些本在意识中而后来落到意识之外的心理活动在神经系统留有痕迹,还可以因联想作用回到意识中,通常叫做记忆。所谓"无意识"就是还未回到意识的记忆。但是"无意识"不仅限于过去的心理经过。在同一时间之内,我们并不能把所有的心理活动都察觉到。意识的"区域"有"中心",有"边缘";"中心"是注意的焦点,渐到"边缘",注意也渐淡薄,到最后跨过"意识阈"(threshold),就变成"无意识"。所以"无意识"包含过去的记忆痕迹和现在未入意识阈的刺激。从前心理学家把意识看作活动的,把无意识看成静止的;意识变为无意识之后,好比虫的冬眠,不过在脑筋里留过痕迹而已。由这种见解到隐意识学说，心理学经过两大进步：第一个进步就是发现通常所谓"无意识"并不是不活动的，不过这种活动没有达到适当的强度，不能为自我所察觉。这就是通常所谓"无意识的脑筋活动"（unconscious cerebration）。持这个学说的人们也把这种活动叫做"潜意识的活动"，不过他们的"潜意识"是零乱的，不成系统的，不能为任何自我所察觉的。心理学的第二个进步就是发现通常所谓"无意识"不仅有活动而且有联贯的活动，有一种特殊的自觉，它没有入意识阈，并非由于没有达到适当的强度，乃是由于原来是从意识分裂开来的。这就是耶勒所说的"潜意识"。"潜意识"自成人格，自有知觉，或与主意识轮流出没，或与主意识同时并流。同时并流的就是普林斯所谓"并存意识"。潜意识不能为主意识所察觉，所以仍是较广义的无意识之一种。弗洛伊德的隐意识也还是较广义的无意识之一种，不过与潜意识又不相同。潜意识复现时，就要把主意识整个地排挤出去；隐意识复现时，自己只露一部分，还须戴起假面具，也并不把意识排挤出去。在弗洛伊德看，"无意识"中有可召回到意识中的，有不可召回到意识中的；可召回的是"前意识"（the preconscious），不可召回的是隐意识。前意识即所谓记忆，隐意识即被压抑的欲望之全体。同具记忆痕迹，何以有些过去经验可回到意识中，有些过去经验不能回到意识中呢？因为前意识复现于记忆时没有东西去阻止它，而隐意识复现时却免不了抵抗力。这种抵抗力就是原来把欲望压抑下去的力量，弗洛伊德把它叫做"检察作用"（censorship）。检察作用的背景是"自我理想"。被压抑的欲望大半是不道德的，与"自我理想"不相容，所以被检察作用禁锢在隐意识里。我们在上文说过快感原则和现实原则的分别，以及第一系统和第二系统的分别。这些分别也就是隐意识和前意识的分别。隐意识的成分都是从第一系统中来的，它完全受快感原则支配；前意识的成分是从第二系统中来的，它兼受现实原则的支配。

意识、前意识和隐意识的关系　弗洛伊德对于心理构造的见解有如下表：

意识
前意识（可复现的记忆）
隐意识（被压抑的欲望）

　　他的学说中最易惹起误解的是检察作用，我们应该把它摆在意识和前意识中间呢，还是把它摆在前意识和隐意识中间呢？在这里我们有两点先要明了：第一点就是：弗洛伊德并不着重意识和前意识的分别，他把意识只看作前意识的一部分。前意识好比一个黑暗的空间，意识好比其中一点流动的灯火，火照到什么地方它就亮到什么地方！从意识到前意识或是由前意识回到意识，都只是一转掌间的事。这两个区域中虽有界限而却无堡垒。隐意识要回到意识必先变为前意识，而隐意识、前意识之中不但界限分明，而且防卫也很严密。隐意识常图乘衅内犯，检察作用也常在看守着，不让它有复现的机会。主者对于隐意识固然不能察觉，对于检察作用也不能窥其梗概。检察作用既不在意识里面，所以它只能在前意识和隐意识的界线上。但是此外我们还有一点要明了：就是隐意识和前意识并非绝缘的。前意识中有些成分和隐意识中的成分相联络。它们回到意识时也不免受意识的压抑和抵抗。这在使用自由联想法时最易见出。比如隐意识中被压抑的成分与"水"字有关系时，"水"的观念由前意识复现于意识时就要遇到若干抵抗，需时就较长久。因此，弗洛伊德在意识和前意识的界线又摆一个第二种检察作用。一般人往往没有将这两种检察作用分别清楚，只笼统地说被压抑的欲望受意识的检察作用禁锢。弗洛伊德

自己有时也这样说,因为他不重视意识和前意识的分别。

压抑作用的比喻　弗洛伊德曾用这么一个粗浅的比喻来说明压抑作用。他说:"现在我在这个讲堂里演讲,大家都静听无哗。假如有一个人要扰乱我,又顿足,又高声谈笑,我说像这样闹我不能再讲下去。诸位中间就有几位有火性的人站起来和滋扰者争辩一番,然后把他赶出门外去。这个人既被'压抑',我才能继续演讲。但是因为要提防他再闯进门来滋扰,帮助我的听众们拿些椅子把门抵住,形成一种'抵抗力'。如果我们把这个比喻中的经过移到心理上去,把讲堂看作意识,把门外走廊看作隐意识,我们对于压抑作用就能得一个很明了的意象了。"

在别的地方他又拿守门者来比喻检察作用。他说:"隐意识好比一间很大的等候室,其中有许多心理的骚动者,像许多人一样,彼此互相拥挤。隔壁是一间较小的房子,像是一种会客室,住在里面的是意识。这两间房子的门槛上站着一个守门者,他审查那些心理的骚动者,如果他觉得哪一个人形迹可疑,就拒绝他进会客室。有的刚到门槛就被他推回,有的已经跨进会客室才被他赶出,这只是他的防卫时而严密,时而松懈,根本并无二致。隐意识中的骚动者是意识所看不见的,因为一个在等候室,一个在会客室。他们本来在意识阈外,到挤上门槛又被守门者(检察作用)赶回时,它们是想入意识阈而不能,这就是'被压抑'。偶尔能跨过门槛的骚动者也不一定就算是进了意识,除非是意识的眼睛已经光顾到它们。这里仿佛又有一间房子(在等候室和会客室之中)是前意识所居住的。……说某一个冲动被压抑时,就是说它被守门者所拒绝,不能由隐意识中转进前意识中。我们施用分析治疗去解放被压抑者时所遇到的抵抗力也就是这个守门者。"

被压抑的欲望在隐意识中的生活　被压抑的欲望在隐意识中能避开意识的节制,所以它的活动的能力较原先在意识中时反而加大。它可以联合其他被压抑者形成所谓"情意综"（Complexes），它可以乘检察作用弛懈时化装闯进意识中而为梦，及其他日常心理的变态；它可以形成迷狂病征，它又可以借升华作用发泄于文艺、宗教和事业。这些事实都待下文详论。现在只专说迷狂病征的成因，以便说明弗洛伊德和耶勒的学说的异点。

欲望可分析为两个成分，一个是观念，一个是附丽于这个观念的"情调"（affect, or feeling-tone）。比如接吻的欲望，一方面含有接吻的意象或观念，一方面又含有伴着接吻的情调。观念是意识所能察觉的，情调是意识所不能察觉的。我们在上文说过，弗洛伊德的神经系统以反射弧为单位。知觉神经受刺激时，一方面意识感觉到它，这就是观念；一方面神经系统发散一种储蓄的力，它有发泄于动作的倾向，这就是情调。欲望也是一种反射弧的冲动。它被压抑时它的两个成分同时被压抑而结果则不必相同。观念被压抑时就被拘囚在隐意识里成为"固结观念"（fixed idea）。情调被压抑时却浮游不定，有种种的可能。它可以"转移"为生理的表现，造成麻木、瘫痪、拘挛等迷狂病征。这是"转移迷狂症"（conversion hysteria）的起源。例如上述勃洛尔所诊治的病妇于不能饮水之外又有视觉错乱的毛病。这就是一种转移迷狂病征。她有一次坐在父亲病床旁流泪，父亲猛然问她那时候是几点钟。她的眼睛被泪蒙蔽了看不清楚，使劲把表拿近跟前，把针盘看得特别大。她想勉强止住眼泪，免得让父亲看见。以后她就得了视觉错乱症。这就是原来附丽在不让父亲看到自己流泪一段经过上面的情调转移到器官上去，酿成眼睛的毛病。有时被压抑的情调可以由悲痛的观念转到一个自身并不悲痛的观念上去，而酿成所谓"憔惧迷狂症"（anxiety hysteria）。勃洛尔的病妇的畏水症就是这样得来的。她把嫌恶保姆的情调移置在水的观念上面去了。

弗洛伊德和耶勒的异点　像耶勒一样，弗洛伊德的变态心理学也是建筑在迷狂症的事实上面。耶勒常说弗洛伊德的学说全是他自己的"受伤记忆"一个概念产生出来的。所谓"受伤记忆"就是潜意识中的固结观念,原来是从意识中分裂出来的。从上文看,我们可以见出弗洛伊德也承认迷狂症是经过意识分裂的。不过他的学说和耶勒的究竟绝不相同。第一,论分裂的成因,耶勒的根本原理是心力疲竭,意识自然涣散;弗洛伊德的根本原理是两种心理活动相冲突,强者压抑弱者。耶勒的病人是不能回忆过去致病的经验,弗洛伊德的病人是不愿回忆过去致病的经验。第二,论被分裂意识的内容,弗洛伊德的被压抑欲望几乎全是性欲,耶勒却极力反对此说,以为任何观念都可以分裂为潜意识。弗洛伊德的隐意识中的滋扰者是游离的情调,耶勒的潜意识中的滋扰者是固结观念。第三,论分裂作用与迷狂症的发展,耶勒以为迷狂症中始终只有一次分裂,而弗洛伊德则以为有两种分裂。比如说一只手的麻木,在耶勒看,这是由于手的知觉作用从意识分裂开来所以被遗忘了;在弗洛伊德看,这不仅由于手的知觉作用被分裂,而且也由于被压抑欲望的情调移转到手上面来了。欲望被压抑以后就被遗忘,这是第一次的意识分裂。附丽被压抑欲望的情调脱离原有观念而转到器官上去使该器官失去知觉作用,这是第二次的分裂。换句话说,从耶勒的说法,被分裂的意识直接就变成病征;从弗洛伊德的学说,被压抑的欲望须另造一种意识的分裂才发生病征。

荣格的隐意识说 弗洛伊德所谓隐意识是完全在个体生命史中形成的。婴儿初入世时只有本能而无隐意识。隐意识的发生由于自我本能和性欲本能互相冲突,环境的影响是它的主因,与遗传没有大关系。荣格以为隐意识的内容并不如此狭小。他把隐意识分析为两大要素:一为"个体的隐意识"(personal unconsciousness),是在个体生命史中形成的,其中又可分为两要素:一为寻常可召回的记忆,相当于弗洛伊德的"前意识";一为被压抑的欲望,相当于弗洛伊德的"隐意识"。但是"个体的隐意识"之外还有"集团的隐意识"（collective unconsciousness），这是弗洛伊德所未曾道及的。"集团的隐意识"得诸遗传，是人类所共有的。它也有两大要素。一为本能，一为"原始印象"（primary images）。他的本能说大体和弗洛伊德的相同。他以为本能只有两种：一为绵延种族用的性欲本能，一为保存个体用的营养本能（较弗洛伊德的自我本能稍窄狭）。"原始印象"是荣格的特别贡献。它是人类在原始时代所蓄积的印象遗传到现在的。其中最重要的是神话。原始人类对于自然现象不能给以科学的解释，于是替风云河海、草木鸟兽等等臆造许多神鬼出来。这种神话在现代虽很少有人相信，但是还储蓄在隐意识中，常在梦中出现。此外我们还有直觉"先经验的知识"的能力，例如"凡事都有原因"，"甲不能同时为非甲"，"全体大于部分"一类的真理我们都不假经验，就能用直觉领悟。这是什么缘故呢？因为我们的集团的隐意识中就有若干"思想原型"（arche-types of thought），这些"思想原型"也就是一种"原始印象"。在荣格看，科学家的发明和艺术家的创作都凭借"原始印象"，不仅靠个人的努力。一般人看到他们的成绩那么神奇，以为他们是"如有神助"或是得着灵感，其实他们也只是叨祖宗的光。迈尔（Mayer）发现能力不灭律就是一个好例。他本来不是物理学家，对于能力问题也并没有用过深思冥索。有一天他坐在船上，猛然间就悟出能力不灭的道理。荣格说，这并不足为奇。"能力不灭"是人类祖先所早已储蓄起来的印象。如宗教的灵魂观念就是能力印象的雏形；"灵魂轮回"说就是"能力不灭"印象的雏形。人人的隐意识中都存有这个原始印象，不过在迈尔的隐意识中，因为情境凑巧，所以这个原始印象能涌现于意识。人家就说他"发现"能力不灭律了。

原始印象与习得性的遗传　　荣格的"原始印象"是一种遗传的

习得性。习得性是否可遗传还是生物学上一大难题。据雷马克(Lamark)说,习得性是可以遗传的。例如长颈兽在原始时代须伸长颈项才能吃得树叶,逐渐练习,颈项就越伸越长。伸长本是在个体生命史中一个习得性,以后遗传到子孙,所以一代长似一代。魏意斯曼(Weismann)和新达尔文派生物学家却反对此说。他们以为遗传的媒介是生殖细胞,习得性不能影响到生殖细胞,所以无法遗传。例如连接把十几代的鼠的尾巴割去,以后新生的鼠还是有尾巴。现在生物学者大多数都倾向新达尔文派。在他们看,荣格所谓"原始印象"是不能由原始人类遗传到现在的。不过习得性究竟可否遗传也还是一个未决的问题。

第五章　梦的心理

弗洛伊德最重要的著作为《梦的解释》(The Interpretation of Dreams)。他自己曾经说过,梦的研究是到心理分析的捷径。我们想明白他的学说,不可不知他对于梦的见解。

原始人民心目中的梦　普通人对于梦抱有两种矛盾的态度:他们一方面以为梦是一种莫名其妙的幻境,所以它成为一切虚幻离奇的象征。莎士比亚的"我们只是做成梦的材料",李白的"人生如梦,为欢几何"一类的话,是一般人所认为含有至理的。梦既然没有理性,所以值不得研究,只有痴人才去说梦;但是一般人同时又相信梦也不是漫无意义的。在原始时代,梦有很大的支配生活的能力。他们以为人的精灵在梦中可以和鬼神相感通。殷高宗梦见上帝赐他一个良相,醒后依梦图形,令人四处寻求,果然得到傅说;汉明帝梦见金人,便成了佛教东传的兆应;李白的母亲梦见长庚星,所以她生了聪明的儿子。精灵在梦中既然能和神鬼相感通,所以梦中见闻都是神鬼的诏命。未来的祸福都可以从梦中看出。不过神鬼欢喜闹神秘的玩艺。他们的预兆如果一目就能了然,那就失其神秘的价值了。所以梦的隐语须经通人解释,意义才能明了。因此解梦的人在原始时代最被人尊敬。《旧约》中说过埃及国王有一次梦见七枝瘦麦穗把七枝肥麦穗吞咽下去了,约瑟替他解释说这是七个丰年之后有七个荒年的预兆。国王听他的话,储蓄了七年的谷子,后来果然有七年是荒年,人民受积谷的赐,所以没有闹饥荒。约瑟因此在埃及得了极大的信用和势力。这是古今所传为佳话的。但是这种原始时代的解梦术究竟有些牵强,因为它可以随意附会,没有一定的标准。比如有一个人乘船遇风,把儿子吹落水里去,夜间梦见和儿子分梨吃。这个梦经过两个人解释。甲说,"分梨者,分离也,不祥之兆";乙说,"梨开则见子"。后来他果然把儿子寻出来了。乙的本领从效果方面说固然比甲高明;可是这也有幸有不幸,何以见得分梨是"见子"而不是"分离"呢?

原始时代的解梦术虽然只是一种迷信,但是它也给近代心理学家两个很重要的暗示:第一个暗示就是凡梦都有意义,不像表面那样怪诞;第二个暗示就是凡梦都是象征的,它的意义和它的幻象是相吻合而却不必相同。

旧心理学对于梦的解释 旧心理学专研究常态的意识,梦是怪诞离奇的,所以置之不谈。闻或有一两位心理学家注意到梦,也只能观察一些零乱的事实。他们关于梦的见解可以这样地撮要叙述:

我们每夜都做梦,可是收集梦的材料却很困难。梦是最容易忘记的。醒时追忆梦中经过,只是捕风捉影似地记起一些零碎怪诞的印象。但是梦有两个特征是容易分析出来的:第一,做梦者不能知觉梦中自己身体的实在状况;第二,他在梦中把记忆得起的印象错认为实在事物。我们可以说,梦和醒的最大异点就在醒时能分别幻想和实境而梦中则不能分别。何以在醒时明知它是一种幻想而在梦中却被误认为实境呢? 这是由于幻觉。在醒时我们能拿想象和自己的知觉以及旁人的经验相比较,容易发现想象的虚幻。在梦境则不然。我自己的知觉既然失其作用,而旁人更不能以他们的经验来纠正我的想象,所以想象和事实便混淆起来了。

　　梦境和醒境虽不同,而梦的内容则尽取材于醒时经验。梦中意识和醒时意识的分别不在材料而在材料的配合方法。醒时的配合是合理的,梦中的配合是不合理的。醒时所有的心理活动如知觉、情感、意志等等在梦中都可以再现。就中以知觉的经验为最重要,而知觉的经验又以视觉记忆为最鲜明。听觉和触觉也很重要,色觉和嗅觉就不常入梦。据美国心理学家 Calkins 的统计,梦的各种知觉成分比例如下:

观　察　者	视觉	听觉	触觉	味觉	嗅觉
甲(133 个梦)	85%	58%	5.3%	0	1.5%
乙(165 个梦)	77%	49.1%	8.5%	0	1.2%
丙(151 个梦)	100%	90%	13.5%	12%	15%
丁(150 个梦)	72%	54.6%	6%	2.7%	27%

　　睡眠中的感官刺激也易引起幻梦。例如壁上的钟声常使睡眠者梦轰雷,用冷水洒在睡眠者的身上常使他梦下雨,睡时以手掩胸,往往梦为厉鬼或怪物所压。梦中想象力最活动,一个零碎的错觉,可以成为一段复杂情景的中心。有一位 Maury 曾经梦见自己生在法国革命时代,被人拘到革命党所组的法庭去,由审问而定谳,由定谳而上断头台,情景都很逼真,他并且很明白地觉得刀子

扑地一砍把他的头砍落了。惊醒来一看,他发现颈项上并不是刀,只是倒下来的床顶。霍通(L. H. Horton)根据这类事实,断定一切梦都是错觉,一切梦中图形都是睡眠中器官状态象征的解释。例如红的物体象征身体某一部的发炎,飞马象征血脉的疾促,傲慢的女子象征寒冷之类。

旧心理学对于梦的解释大略如此。一言以蔽之,他们以为梦不是幻觉,就是错觉;至于幻觉和错觉的发生则由于睡眠中知觉失其作用不能拿事实来纠正错误的联想。他们没有疑问到:如果梦全是错误的联想,何以它往往是完整有意义的经验呢? 从许多繁杂的意识经验中,拣选一些零星断片出来,凑拢成一个完整联贯的幻想,这种工作好比诗人做诗,小说家做小说,不能说是机会造成的。主宰这种梦的工作者究竟是什么呢? 梦的意义如何去进行解释呢? 这些问题是旧心理学家所未曾明白答复过的。

弗洛伊德的梦的解释　弗洛伊德在他的最重要的著作《梦的解释》(The Interpretation of Dreams)中根本推翻幻觉错觉的说法。他是一个主张极端的"前定主义"(determinisim)的人,以为心理上有一因必有一果,有一果必有一因,没有一件事是偶然的。"心理界和物理界一样,无所谓机会。"所以梦也决不是机会造成的错误的联想。我们在前章说过被压抑的欲望和隐意识,梦就是它们的产品。依弗洛伊德看,凡梦都是欲望的满足(wish fulfilment)。这种欲望大半是关于性欲的,在平时因为它和道德习惯不相容,所以被压抑到隐意识里去了。但是它还是跃跃欲发,在睡眠中检查作用弛懈,它于是戴起离奇怪诞的形象做假面具,乘间偷入意识界去活动,于是成梦。

这是几句提纲撮要的话,我们现在来把它解释详细些。一般人怀疑弗洛伊德的学说,大半因为嫌他所说的象征太牵强。其实梦不必尽是象征的。我们先从不是象征的梦下手,然后再进一步研究象征的梦。

日梦　我们不仅在睡眠中做梦,日间精神疲倦,注意力涣散,平素受理智束缚的与事实相冲突的幻想于是源源涌现,这种幻想和梦也没有分别,所以通常叫做"日梦"(day-dream)。日梦是欲望的满足,比较夜梦更容易看出。有一个卖牛奶的女佣头上顶着一罐牛奶上镇市去,连走连想着:"这罐牛奶可以卖得许多钱,拿这笔钱买一只母鸡,可以生许多鸡蛋;再将这些鸡蛋化钱,可以买一顶花帽子和一件漂亮的衣服。我戴着这顶帽子,穿着这件衣服,还怕美少年们不来请我跳舞?哼,那时候谁去理会他们!他们来请我时,我就向他们把头这样一摇!"她想到这种排场,高兴极了,忘记她的牛奶罐,真的把头一摇,牛奶罐扑地一响,她才从好梦中惊醒!这是日梦一个顶好的实例。日梦是一件最快活的消遣。做日梦时心里都很洋洋得意,日梦中的情节大半都是很愉快的,因为平素不能实现的欲望在做日梦时可以赤裸裸地尽量实现。

不是象征的梦　日梦的功用是以幻想弥补现实的缺陷,睡眠中所做的梦有什么不同呢?他们并没有什么重要的异点。拿日梦和象征的梦摆在一块,固然相差较远,但是睡眠中所做的梦也有不是象征的。小孩子们常梦到吃新鲜的食品,玩稀奇的玩具,耍有趣的把戏,穿好看的衣服,和日梦简直没有差别。成人的梦也往往如此。饥饿时常梦见赴宴,焦渴时常梦见饮水,就是受社会裁制很严的性欲有时也赤裸裸地在梦中得满足。中国传说中的"黄粱大梦"也是一个不是象征的梦。相传唐开元时有一位卢生落第归家,路过邯郸县下了旅馆。他正在煮黄粱做饭吃,忽然睡着,头靠在一个道人给他的磁枕上。他梦见做了五十年的高官,享了八十年的上寿,其中如中状元,做宰相,征西域,和李林甫闹脾气,经过许多阔绰排场。最后他不幸得了病,正在升天成佛的时候,锅里的水沸腾起来,把他惊醒了,他才觉得做了那么一场大梦,黄粱还没有煮熟!

这是一个落第的穷书生在梦中享受他所渴望的荣华富贵。中国的说部里常描写满足性欲的梦。《聊斋志异》和《阅微草堂笔记》之类的著作中几乎可以找出这么一个公式：某生于某日薄暮行经某地，遇见一位绝代佳人邀他到她家里去，盛宴之后，他们便成了恩爱夫妻，百年偕老；可是次晨醒过来才发现自己睡在一个古冢旁边。这种千篇一律的故事还颇受读者欢迎，其中含有性欲的诱惑，是很显然的。

诸如此例，都可以证明梦实在是满足欲望的。平时所已经满足的欲望决不再入梦。有一个小孩子对他父亲说："爸爸，我昨夜梦见吃花饼子。"他父亲说："你这个梦有吉兆，你给我十文钱，我替你解释。"小孩子说："我如果有十文钱，吃饼子还要在梦中么？"这句话是含有至理的。欲望何以要在梦中满足呢？因为它是很骚扰的，容易扰乱睡眠；在想象中得了满足，睡眠才不易为它所惊醒。所以梦是颇有益于心理健康的，它一方面可以保护睡眠，一方面又用幻想镇住心理的天平的一端，以抵抗另一端所受的现实的重压。

恶梦　我们也许要发一个疑问：满足欲望的梦应该都能惬心快意，我们何以有时做可怕的恶梦呢？小孩子常梦被蛇咬伤或是落到水里，病人常梦被厉鬼凌虐，兵士常梦到战场上的可怕的情形。难道我们希望蛇咬，希望落水，希望尝战场上的恐怖，希望遇见厉鬼，在醒时不可得，于是在梦中遇着这些凶险来满足欲望么？麦独孤和其他心理学家常持此说作攻击弗洛伊德的证据。他们说："根据韦德(S. Weed)和海兰(F. Hallam)的研究，梦有百分之五十八带有痛感成分，而真正的甜蜜的梦只有百分之二十八有余，我们可以见出梦与欲望无关。"

梦的隐义和显相　弗洛伊德说，这种理由不能成立，因为成人的梦大半是象征的，化装过的。上文所说的日梦和不是象征的梦所表现的欲望原来就没有经过压抑作用，所以在梦中可以自然流露,不必经过化装。成人的梦所表现的欲望大半已经受过压抑作用,如果赤裸裸地流露,必定受检察作用驱还到隐意识里去,所以有化装的必要。我们醒后所记得起的是梦的化装而不是梦的真面目;是"梦的显相"(manifest dream content)而不是"梦的隐义"(latent dream thought)。作梦好比制谜。显相是谜面,隐义是谜底;显相虽是零落错乱,隐义则有线索可寻,把隐义翻译为显相,叫做"梦的制造"(dream construction);从显相中寻出隐义,叫做"梦的解释"(dream interpretation)。

梦的象征   以具体的形象代表欲望的满足,以显相代表隐义,就是通常所谓"象征"(symbolism)。象征的用意在逃免检查作用,让被压抑的欲望再现于意识阈。弗洛伊德以为欲望大半是性欲,所以把许多梦中形象看作性欲的象征。例如杖、伞、树、刀、枪等长形物都象征男性生殖器;房屋、瓶、船、橱等空洞有容的物件都象征女性生殖器;飞行、上楼梯、种植种种动作都象征性交。梦的象征可以用下例说明:

有一位美术家相貌很美,为人也很和蔼,所以许多女子都爱他。他有一个十六岁的儿子,有一次告诉心理分析者说:"我梦见房子里有许多孔,父亲要把它们一齐塞起,我实在很替他担忧。父亲想一个人独塞,其实我很可以帮忙,而且他是一个大美术家,费力气去塞壁孔,也不合身分。"依弗洛伊德说,这个梦完全是性欲的象征。他看见父亲专享许多女子的爱,心中不免妒忌。墙孔是雌性的象征。妒忌父亲的艳福是梦的隐义,忧父亲独塞墙孔是梦的显相。

梦的工作   把隐义翻译成显相可以采用四种方法,统称为"梦的工作"(dream work)。

一、凝缩。拿一个符号代表许多隐义,叫做凝缩(condensation)。有时隐义的某部分完全省略去,只有零碎片段化装成为显相;有时许多相类似的隐义公用一个显相,如同"混合影片"一样。一个年轻妇人梦见一个女子向她丈夫使眼色。她平时本来妒忌几个和她丈夫相亲密的女子,梦中所见的虽然只是一个女子,而这个女子所穿的衣服是在那几个女子身上取来凑成的,所以她实在是把几个女子的形象凝缩在一个人的身上。弗洛伊德自己曾经梦过做文章讨论一种植物,据分析的结果,"植物"这个观念代表Gärtner(意为园丁)和他的美丽的夫人,又代表他所诊治的名叫Flora(意为花)的病妇,又代表他自己的妻子所爱的花。

二、换值。把被压抑的观念所有的情调,移注到另一个不关重要的观念上去,使它在梦中占重要的位置,叫做"换值"(displace-ment of value)。因有"换值作用",在显相中是很重要的形象,在隐义中或不甚重要;在显相中是很琐屑的形象,在隐义中或甚重要。所谓换值就是情调的移置。依弗洛伊德说,情调本来是一种流动的心力,可以从甲观念移注到乙观念上去的。换值的目的在混淆轻重,使检察作用不容易发现欲望的真面目。比如一个客人已经走出门了,又跑回去,本来是要满足隐意识中再见主妇一面的欲望,而借口却是忘带手杖。拿手杖是一件细事而却有一个很热烈的念头依附在上面,这就是所谓"换值"。

三、戏剧化。拿具体的形象来表现抽象的欲望,叫做"戏剧化"(dramatization)。用文字思想是在心理进化已达相当程度之后。原始的人类思想都用具体的形象。我们在梦中的思想,运用的便是原始时代的思想方法。形象之中尤以从视觉得来的为最普遍。一切梦的象征都是经过戏剧化来的。例如女子梦为马所践踏时,就是把顺从男子的性的要求这个观念表现为具体的形象。

四、润饰。以上三种作用都是在作梦时进行,它们的目的都在逃避"梦的检察"(dream censor)。我们醒后回想梦中经过,仍受检察作用的裁制,把本来颠倒错乱的材料再加一番整理,使它现出若干条理来,这叫做"润饰"(secondary elaboration)。所以梦是经过两次化装的:第一次化装是在梦中进行的,第二次化装是在醒后回忆时进行的。梦的分析把这两重化装揭开,由显相中寻出隐义。

麦独孤对于弗洛伊德学说的批评　弗洛伊德的《梦的解释》出版以后,心理学的趋向为之一变。他的门徒把它尊为"圣经",不敢置疑其中一字一句;经院派心理学者又把它全部斥为妄诞无稽。诸家批评弗洛伊德比较精细的要算麦独孤。他一方面承认从亚理斯多德之后对于心理学贡献最大的人莫过于弗洛伊德,而同时对于他的《梦的解释》也极肆攻击。他在《变态心理学大纲》里说:

> 弗洛伊德的梦的学说中几点真理好比糖衣,使读者们把整块的丸药吞咽下去,不说一句非难的话。它的几点真理是可以数得清的。第一,像别的心理活动一样,梦的成因是意志,是从心的本能的基层所发生的冲动。这本是事实,不过把这个事实表为"凡梦都是欲望的表现",也未免有些笨重。第二,在梦中寻表现的确实是被压抑的自然倾向。第三,梦中的思想比醒时的思想本来较为原始,大半运用形象,自然免不掉象征和寓言。第四,有些梦实在是被压抑的性欲的表现,有些梦的符号实在是性欲的。第五,弗洛伊德所视为梦所特有的几种作用(如上述凝缩、戏剧化等)有些的确是常在梦中发生的。

但是除了这五点之外,麦独孤对于弗洛伊德的学说颇肆攻击。他的最重要的理由有下列各点:

一、心理学家对于行为的见解可分两派:一派持"享乐说"(hedonism theory),以为一切行为都不外是寻求快感与避免痛感,吾人心中预存何者发生快感、何者发生痛感的计算,而后才有寻求与避免的行为。一派持"动原说"（hormic theory），以为人类生来就有若干自然倾向，就要把这种自然倾向实现于动作，动作顺利，于是生快感，动作受阻碍，于是生痛感；在动作未发生以前，吾人实未尝预期快感如何可寻求，痛感如何可避免。这两派学说根本不能相容。甲派注重理智，乙派注重本能和情感；甲派把快感和痛感看作行为的动机，乙派把它们看作行为的结果。享乐说盛行于十八世纪，现代心理学者大半以为它是错误的而改从动原说。弗洛伊德本来是这种新趋向的先导者，他的心理学大体是建筑在动原说上面的。可是他同时又取所谓"快感原则"，以为隐意识中的欲望为着要寻求实现的快感，才化装偷入意识阈而成梦，这全是"享乐说"，和他的基本主张自相矛盾。

二、弗洛伊德对于"检察作用"（censorship）和"自我"（ego）两个名词用得太混乱了。有时他把检察作用和自我看作是一件事，它们都受社会影响而后形成的，它们都是性欲的压抑者，都是隐意识的抵抗者。但是在梦的解释中，他又似乎把它们看作两件事。检察作用可以察觉梦的隐义而防止其赤裸裸地现于意识界，而"自我"则不能察觉梦的隐义。梦的隐义常躲避"自我"，因为恐怕惊动了它的道德意识。照这样说，"自我"是富于道德意识的，连偶尔起来的一个不道德的念头也会使它受震撼。可是弗洛伊德又说，"自我"在梦中"脱尽伦理的束缚，同情于一切性欲的需要，同情于一切久被美育所排斥的和与道德约束相反的东西"。这样看来，"自我"一方面站在梦的剧场之外，拿它的道德意识来评判梦中经过，一方面它又站在梦的剧场之中成了一个主角。它究竟是怎么一回事呢？弗洛伊德的压抑说全凭自我富于道德意识这个原则。"自我"怕不道德的欲望，才把它压抑下去，才施其检察作用和抵抗作用不让不道德的欲望回到意识中来。但从事实看，自我并不是这样富于道德意识的东西。白柔尔（Brill）医生尝研究过二十一个病人，发现他们都梦见和自己的母亲发生性的关系，完全没有化装；然则弗洛伊德所谓检察作用到什么地方去了呢？

三、弗洛伊德以为梦须化装以保护睡眠，免得惹起"道德的震撼"。作梦者常从梦中惊醒，而易使人惊醒的梦大半只因为其中情节富于过度的刺激性，并不必是不道德的。这件事实可以证明弗洛伊德的话没有凭据。

四、弗洛伊德以为梦的符号都是象征生殖器和性的关系，他又承认这些符号是从野蛮的祖先遗传下来的。有些符号自然可以像他那样解释，有些符号却是人类已经开化以后的东西。例如穴居野处的人们何从拿"伞"做阳性的符号、"屋"做阴性的符号呢？

五、弗洛伊德的学说最难解得通的是恶梦。他以为恶梦由于欲望没有化装得好，直接出现于意识阈，以至惹起道德意识的惊惧。这种说法太牵强，只要看看许多恶梦的内容便知道。恶梦中所以惹起惊惧的只是危险的情境而不必与道德观念相冲突。欧战中兵士们常作战场梦，把以往所经历过的险境完全回忆起来。这决不能说是没有化装的性欲。

六、依弗洛伊德说，梦所表现的欲望一是隐意识的，二是经过"退向作用"的，这就是说，来比多的潜力退向到婴儿期所固结成的情意综（详下章）。但是他自己所分析的梦很少有和这个学说相符合的。例如一个妇人梦见侄儿死了。她本来恋爱一位教授，后来因为发生误会，分散了就没有机会再见面。她从前确已见过另一个侄儿死了，在送丧时她得再见她所爱的那位教授。弗洛伊德分析这个梦，说梦见侄死是要实现再见教授的欲望。他又拿她醒时的经验来作证。她平时就处处寻机会见教授，每遇他公开演讲，必定去听。她又常常在那位教授后面远远地望着他。从这些事实看，我们可以相信弗洛伊德的解释颇近情理，但是和他的理论却完全不符。第一，她所表现的欲望是她意识中所常觉到的，虽然略经压抑，却不一定已成为隐意识。她在醒时就处处明目张胆地追随那位教授，何以在睡眠中意识防范弛懈时反而要经过化装呢？第二，她的再见教授的欲望起于青春时期，并没有经过弗洛伊德所谓退向作用。

理论和事实不符这个毛病已经可以摇动弗洛伊德的梦的见解，而此外又另有一件事实也很值得注意，就是许多的梦不用弗洛伊德的方法也可以解释得通。同是一种事实，他的学说是一种解释，别的学说也可以解释，取舍就全凭我们自己裁夺了。在许多其他的梦的学说之中，荣格的最为重要。

荣格的梦的学说　荣格和弗洛伊德一样，也把梦看作隐意识的产品。不过他有两个要点和弗洛伊德不同：第一，弗洛伊德只究问梦的原因，他的解释完全是客观的；荣格注重梦的目的，他的解释是主观的。第二，弗洛伊德着重个体的隐意识，以为梦是欲望的化装；荣格着重集团的隐意识，以为梦是"原始印象"的复现。

这两个要点是相关联的，我们只要明白荣格所着重的 persona 和 anima 的分别，就可以见出它们是怎样相关联的。

persona 和 anima 的分别　各人有各人的个性，个性不但在意识生活中见出，就在隐意识生活中也可以见出。荣格把意识生活的个性叫做 persona，意谓"人格"；把隐意识生活的个性叫做 anima，意谓"灵魂"。persona 是在个体的环境影响之下造成的，是自己觉得到旁人看得着的性格。anima 是无数亿万年前的远祖所遗传下来的"原始印象"，是自己觉不到旁人看不见的性格。这两种性格在同一个体之中常相反，惟其相反，所以能相弥补。anima 偏重情感时，persona 常偏重理智；anima"内倾"时，persona 常"外倾"，其他由此类推。我们在醒时所表现的心理生活是 persona，在梦中所表现的心理生活是 anima，比如理智过于发达的人往往忽略情感和本能的生活，本能和情感就借"原始印象"做符号在梦中出现，以弥补意识生活的缺陷。所以梦的材料是集团的隐意识中所储蓄的原始印象，梦的目的是以隐意识的个性纠正或弥补意识的个性。这个道理看下面的实例自然明白。

有一位患病的青年梦见站在一个果园里偷摘苹果，很小心地四面张望，好像怕被旁人看见似的。荣格用自由联想法分析这个梦，曾经作这样的一个报告：

> 病人所联想起的与这个梦有关的记忆：他幼时曾经在旁人的园里偷摘过两个梨子。梦中要点是做亏心事的感觉，他因而联想起前一天曾经在街上和一位仅有一面之交的姑娘谈话，适逢一位男朋友走过，他猛然觉得有一点害羞，好像做了什么坏事似的。他又由苹果联想到《旧约》中亚当、夏娃偷食禁果被逐出乐园的故事。他觉得偷食禁果受那样重罚是不可解的事。他常为这件事怪上帝太苛刻，因为人的贪鄙和好奇心也都是上帝给他的。他又联想起他的父亲常为一些事情惩罚他，尤其是偷看女子洗澡，这也是他不甚了解的。这件事又引起另一个自供。他近来正和一个婢女恋爱，前一日还和她私会过，虽然没有完全达到目的。

原因观和目的观　偷摘苹果的梦所引起的联想如此。如果依弗洛伊德的原因观去解释它，它的意义应该是这样：梦者前一日和婢女私会，没有实现他的欲望。摘取苹果就是满足这个欲望的象征。荣格反对这种专论原因的解释，主张同时也要顾到这个梦的目的。满足性欲的符号甚多，他何以不梦上楼梯，何以不梦拿钥匙开门而独梦偷摘苹果呢？如果他梦见上楼梯或是开门，则他的联想必不同，必没有偷摘苹果的"罪恶意识"，必联想不到亚当、夏娃的故事，必联想不到前天在街上被朋友看见和少女谈话时所感到的不安。他梦偷摘苹果,是由于"罪恶意识"取一个原始印象(偷食禁果在原始时代就已经代替罪恶意识,《旧约》中亚当、夏娃的故事就是明证)做符号,从隐意识中涌现出来。他近来意识生活是颇不道德的。他平时已把私通婢女一类的行为看惯,不把它当作大了不得的事。他的 persona 偏向纵欲;但是他的 anima 却存有罪恶意识,所以在梦中警告他私通婢女和偷摘苹果一样不正当。从此可知荣格的解释和弗洛伊德的几乎完全相反。弗洛伊德所谓隐意识内容尽是不道德的;荣格则以为隐意识不但不一定是不道德的,有时还可以纠正意识生活的不道德。

荣格以外,还有迈德(Maeder)、西伯勒(Silberer)和阿德勒(Adler)诸人对于梦的研究也各有贡献。和荣格一样,他们都注重目的观。一般人通常把他们统称为"后弗洛伊德派"(Post-Freudian School)。迈德和西伯勒都把梦看作隐意识对于生活问题所给的答案。我们在生活方面感到某种困难时,意识固然在谋虑应付的方法,隐意识也在努力解决目前的困难。隐意识是弥补意识缺陷的,所以它的解决方法和意识的往往不同。梦就是隐意识对于目前困难所给的解决方法,所以它不仅是回顾以往,而且预瞻未来;不仅有前因,而且有后果。这种学说大体和荣格的相同,它并不说要把弗洛伊德的原因观根本推翻,不过以为弗洛伊德的学说只顾到一面的真理,我们应该拿目的观来补充它。

阿德勒的梦的解释 阿德勒赞同弗洛伊德的梦是化装一说而却否认它是性欲的满足;他赞同荣格的梦有目的一说而却否认它是隐意识对于意识的警告。我们在第一章中已经说过,阿德勒的学说集中于"在上意志"。每个人都希望比旁人优胜,在生活路径上悬一种很远的"幻想的目标",时时刻刻地向这个目标努力前进。醒时如此,梦中也是如此。梦是继续醒时工作的,醒时心中所未解决的难题,在梦中也还在心中盘旋。"在上意志"所孕育的"幻想的

目标"常带侵略性质,不免和意识相冲突,所以在梦中须借符号出现。我们现在可以取一个实例来说明:

有一个妇人恋爱她的姐夫,经过激烈的情感的冲突,因而发生精神病,常常想自杀。有一夜她梦见自己打扮得非常漂亮,和拿破仑在一块跳舞。她的名字是路易丝(Louise),拿破仑的后妻也叫做路易丝,他因为要娶路易丝,才和约瑟芬离婚。如果依弗洛伊德的解释,这个梦显然是性欲的表现,她希望她的姐夫仿效拿破仑,丢开她的姐姐来娶她自己。但是阿德勒说不然,她实在是希望胜过她的姐姐,并非钟爱她的姐夫。她的姐姐只嫁一个平凡的人,她自己却要寻一个拿破仑。她的在上意志不许她降格和一个寻常的男子跳舞。她醒时原已有这种希望,梦中所见只是一种幻想的实现。

以上所述诸家学说,各有各的道理,也各有各的荒唐。我们须根据事实,审慎抉择,不可专肆攻击,也不可盲目赞扬。将来较圆满的梦的学说或许是集合诸家所见到的片面的真理而成的。

第六章　弗洛伊德的泛性欲观

　　弗洛伊德的心理学是一种泛性欲观。要懂得他的心理学，先要懂得他的性欲学说。但是一般人听到"性欲"两个字，就觉得它有些淫猥秽浊，如果费心力去研究它，未免有伤大雅。而且人类本来就有一种劣根性，把自己放在几百倍的放大镜下面看，不肯相信自己有些地方和禽兽还相去不远，纵使自己性格中有些自然的倾向不如理想的那么洁净，也要把眼睛偏到别一个方向去不睬它。因此，弗洛伊德的学说最须了解的地方最没有人了解。一般人听见他的主张，只远远地掩着鼻孔骂淫秽。这种态度是极不合于科学的。我们在本章中特别把弗洛伊德的性欲学说提出讨论，让读者平心静气地根据事实去评判是非。

　　性欲的意义　　凡是研究生物学的人们都知道生物的原始的需

要只有两种：一种是保存个体的生命；一种是保存种族的生命。生物的一切活动都是针对着这两个目的。人类原来也是如此。因为要保存个体，所以发出种种活动去求营养；因为要保存种族，所以发出种种活动去求配偶。求营养和求配偶于是成为生命的两大工作。生命是快乐的或是苦痛的，就全凭生命的工作是完成或是没有完成；所以饮食和性交的活动都能发生很大的快感。所谓"本能"就是完成生命工作的自然倾向；所谓"欲"就是寻求生命工作完成时所得的快感。生命工作有两种，所以本能也根本只有两种：一种是保存个体的自我本能；一种是保存种族的性欲本能。保存个体的工作在原始时代限于寻求营养，但是文化逐渐进步，保存个体的工作也逐渐繁复，从前最重要的营养作用在表面上似已变成次要，而最重要的却是适应社会环境了。因此，自我本能也由原始的寻求营养的需要而推广到道德、宗教、文艺种种较高尚的活动。至于性欲本能却没有经过重大变化，还是保持它的原始的面目。

性欲本能是文明时代中的野蛮的遗迹，它和时代环境不相安，才惹起种种心理的变态，所以弗洛伊德把它看得特别重要。有一个要点我们入手就应该明了，就是他所谓"性欲的"（sexual）意义极为广泛。一般人大半把"性欲的"和"生殖的"（genital）看作同义词。其实生殖的活动虽然是最重要的性欲的表现，可是除它以外，性欲还有许多表现的方法。最浅而易见的是接吻，其次是触摸，唇舌皮肤都不是生殖器官而却可以发生性欲的快感。弗洛伊德由此例推，以为一切快感都直接地或间接地与性欲有关。这种推理是否合乎逻辑，颇为一般心理学者所置疑。但是我们最要明白的就是弗洛伊德心目中的性欲是极广泛的，严格地说，他所指的东西与其谓为"性欲"，不如谓为"肉感欲"。这种性欲后面有一种潜力，常时在驱遣人去寻求性欲的快感，弗洛伊德把它叫被"来比多"（libido）。"来比多"是游离不定的。在常态心理中它可以发泄于正当的性欲的活动；但是在性生活失常的时候，它可以泛滥横流，附丽到旁的活动上去，所以有许多活动在表面看来虽然和性欲似乎毫无关系，而实在是性欲的表现。

婴儿的性欲 一般人把性欲看成生殖欲，所以以为它一定要到成熟的年龄才能表现，天真烂漫的婴儿是不会有性欲的。弗洛伊德把性欲的意义定得非常宽泛，自然反对此说。他以为婴儿也是有性欲的。我们可以说，他的学说全部就建筑在婴儿的性欲上面。如果婴儿没有性欲，他的学说便要塌台。性欲依弗洛伊德看，是与生俱来的，不过它的对象和它的表现方法随年龄而不同。换句话说，性欲是逐渐进化的。在常态的性生活稳定以前，婴儿通常都要经过四种性欲的时期：第一是前生殖期，第二是自性爱期，第三是乱伦期，第四是潜伏期。

性欲的前生殖期 婴儿初出世时最大的生理的需要当然是营养。他的最初的快感都与营养作用有直接关系。最显著的是吸乳。这种快感是从口腔得来的。婴儿既觉到口腔和外物接触所生的快感，于是遇到任何物件都要把它拿到口里去吸吮。这种寻求口腔快感的自然倾向就是性欲的雏形。吸吮以外，儿童所最感到兴趣的是排泄。排泄时所得的轻松的快感使他第一次发现自己的体肤是快感的来源，使他第一次注意到生殖器官。婴儿们常欢喜成人抚弄他的臀部和生殖器官，就显然带有性欲的色彩了。到成年时代，接吻成为一种性欲的活动，性生活失常的人到老仍不能脱离寻求肛门所生的快感的原始倾向。记着这些事实，我们对于婴儿的性欲说就不至于绝对否认了。本来生物在原始时代各种生理作用是混同的，分工乃是进化的结果。生殖作用和营养作用原来想亦如此。婴儿还保留若干原始时代的混同，也是理所应有的。有人把这个时期称为"性欲的消化期"，弗洛伊德称之为"前生殖期"（pregenital period），因为婴儿在寻求生殖器官的快感时，还没有明了生殖器的功用。他又把这一期的雏形的性欲称为"肛门爱"
（anal erotism）。

性欲的自性爱期　儿童年龄稍大时,注意渐由口腔和肛门移
到身体的其他各部分。他发现身体中有些部分被触摸时可以发生
快感,尤其是皮肤。弗洛伊德把这些容易使婴儿觉到快感的部分
叫做"性欲圈"（erotogenic zones）,把寻求性欲圈的快感的时期称
为"自性爱期"（auto-erotic period）。自性爱又叫做"纳西司癖"
（Narcissism）。纳西司在希腊神话中是一个美丽的男子,他爱自己
的美貌,整天地在井水里看自己的影子,后来堕井里死了成为水仙
花,现在水仙花在西文中还是叫做纳西司。患自性爱的人举动也
很像这位神话中的人物。自性爱的冲动往往是成双的相反的。例
如婴儿欢喜暴露自己的身体,又欢喜窥伺旁人的身体,尤其是生殖
器官。这两种原始冲动到成年时往往发展成为"露体癖"（exhibi-
tionism）和"窥体癖"（observationism）。婴儿又往往欢喜凌虐人和
受人凌虐,这些倾向到成年时就成为"施虐癖"（sadisim）和"受虐
癖"（masochism）。自性爱的最显著的表现是摸弄生殖器,这到后
来便成为手淫。

性欲的乱伦期　婴儿的最初的性爱的对象是自己,稍后一点
才把"来比多"移注到别人身上。和他接触最多而且对他最亲热的
人自然是他自己的母亲。他睡在母亲的怀里,吸乳时所尝到的温
柔的快感就已经带有性欲的色彩。他最初要时时亲近母亲,大半
还只是迫于生理的需要;后来情感逐渐发达,母亲就不知不觉地成
为他的性爱的对象了。在这个时候,他开始对于性的问题感到兴
趣,尤其是遇着母亲生产弟妹,必追问婴儿是从什么地方来的。他
心里要想专有母亲的爱,所以对于母亲所爱的人常怀妒忌,尤其是
他自己的父亲。弗洛伊德以为爱母忌父是人类一个最普遍最原始
的倾向,它在个体发达史以及社会发达史中都占极重要的位置,许

多心理变态和集团心理的现象都可以用它去解释。这就是所谓"俄狄浦斯情意综"（Oedipus complex）。俄狄浦斯是古希腊时一个王子，曾于无意中弑父娶母。俄狄浦斯情意综就是儿子对于母亲的性爱和对于父亲的妒忌。女子对于父亲的性爱和对于母亲的妒忌叫做"厄勒克特拉情意综"（Electra complex）。厄勒克特拉是古希腊时一个公主，她的父亲被母亲谋害了，她于是怂恿她的兄弟报仇，把母亲杀了。弗洛伊德把"来比多"集中于自己亲属的时期叫"性欲的乱伦期"（incestuous period）。乱伦期的最初的对象是父母，稍迟则改为兄弟姊妹。

性欲的潜伏期　以上三个时期都在六岁以前。那时候儿童的生活完全是本能的，没有道德意识，所以不把自性爱和亲属爱看作可羞耻的事。到六岁以后，他的知识渐开，发现他的幼稚的嗜好有许多是为社会所看不起的。比如他从前常公开地摸弄生殖器，现在他的父母告诉他这是一件丑事，他就不得不把摸弄生殖器的快感牺牲去了。从前他心里想和母亲或姊妹发生性爱，现在他听说这是不名誉的，也勉强把这种念头打消了。总之，他在这个时候的举动都不像从前专取快感原则，而兼顾到现实原则了。这时期他的心理的变化有两方面：从积极方面说，他学得一些道德观念，他开始养成"罪恶意识"（sense of guilt）和羞恶的情感；从消极方面说，我们在前章所说的压抑作用进行最速，凡是与道德宗教习俗不相容的欲望都被压抑成为隐意识了。因此，从六岁以后，儿童很少有性欲的表现，一直到青春期（即成年期）之始，性欲才再出现。弗洛伊德把这个时期称为"性欲的潜伏期"（latent period）。

以上四个时期对于性格的发展极为重要。儿童将来所过的心理生活是常态或是变态的，都在这十五六年中决定。到了成年时，不但性的器官已成熟，就是整个人格也已大致稳固，以后就很少有重大的变迁了。从青春期起，性欲的变化不外取三条大路：第一条路是常态的发展；第二条路是固结作用和退向作用，其结果为性欲的反常、精神病以及种种其他的化装的复现；第三条路是升华作用，其结果为文艺的嗜好、宗教的虔敬以及事业的追求。

性欲的常态的发展 所谓"常态的发展"，自然也是比较而言的。人们在儿童时代都经过若干压抑作用，都在隐意识中储蓄若干不洁净的欲望，所以个个人所作的梦都含有性欲的化装。但是因性欲的压抑而酿成精神病以及性欲的反常的人究属少数，多数人到了成年时"来比多"都注在一个异性的对象上。要想达到这种常态的发展，做父母的人一定要注意到家庭的影响。有两点尤其应注意：第一，父母对于子女，一方面应该慈爱，一方面也不可过于姑息。始终守着家庭，除了父母兄弟姊妹以外没有旁人和他接触，是最容易误事的。父母应该使子女逐渐脱离家庭的窄狭的影响，去和较大的社会相交际。到了成年的时候，他应该有机会寻得异性的配偶，像这样才不至于使乱伦的倾向在隐意识中固结成很坚牢的情意综。第二，父母对于子女应该施以适宜的性教育。他们自己的模范是很重要的。在成年以前过度的和反常的性的刺激应该极力避免。儿童到了相当的年龄对于性的问题应该有明了的知识。父母愈设法瞒他，他愈起好奇心，愈觉得性的关系有神秘的引诱性，其结果往往是走到性欲的反常一条路上去。关于性的道德，父母不应该专用命令式的教训，应该使子女明其所以然。比如自性爱和亲属爱都是自然的倾向，个个人都不免要经过的。父母应该乘机解释，使儿童明白这些倾向，如果任其自然，对于身心都不免有妨碍。他明白其中道理，自然而然地把不洁的念头丢开，就不至于经过压抑作用成为隐意识了。儿童固然要能明白是非善恶，不过常为"罪恶意识"所祟，也容易酿成变态。

固结作用和退向作用 性欲的潜伏期和青春期交替的时候，是性生活最危险的时期。凡是循常态发展的人都要从婴儿期的性欲进前一步,跨到成年人的性欲生活。有时家庭影响不良或是先天的禀赋有亏缺,性欲的发展到潜伏期就止步不再前进,"来比多"的潜力于是固结在婴儿期的各种倾向上面,如自性爱及乱伦爱等等。弗洛伊德把这种现象称为"固结作用"(fixation)。固结作用是压抑作用的结果。儿童对于不道德的倾向不能明白它何以不道德,只盲目地服从社会的压力把它勉强压抑下去,它到了隐意识中势力反更坚固,固结成为种种情意综,当中尤以俄狄浦斯情意综为最普遍。压抑和固结的关系我们可以用一个比喻来说明。不道德的倾向好比一块冰,意识好比太阳,隐意识好比一个冰窖。如果要消除冰,最好的方法自然是把它摆在太阳下面晒;如果把它埋到冰窖里去,它遇不着热,反而凝结得更坚固。不道德的欲望在隐意识中固结成情意综,也就像冰埋在冰窖里一样。

固结作用大半在性欲的潜伏期进行。所固结的东西就是所压抑的,就是带有痛感的不愿回忆的记忆,所以它是一种"心理损伤"(psychic trauma)。这种心理损伤就是后来精神病的萌芽。在潜伏期的萌芽到了青春期就会繁衍起来。人到青春期不但生理上发生重大的变化,所要应付的环境也猛然和幼时不同。他已不能事事仰父母的庇护,须在较大的社会里独立营生。新环境的适应是最耗费心力的事。有心理损伤的人往往苦于力不胜任。他处在这个新环境里不能想出新的适应的方法,不得已还是拿幼时所常用的老法子来敷衍,这就是弗洛伊德所说的"退向作用"(regression)。何以叫做"退向"呢?因为"来比多"的潜力遇着阻碍不能向正当的出口发泄,退向倒流到抵抗力最弱的幼时所固结的情意综上面去。这种情意综原来是潜伏的,现在得到"来比多"的潜力,不免又死灰复燃起来,于是有精神病征的发生。

精神病　精神病的种类甚多,弗洛伊德所最重视的是迷狂症。迷狂症就是退向作用的结果。弗洛伊德常把迷狂病征比纪念坊,他说："迷狂病征都是以往酿成心理损伤的事故所遗留的痕迹和符号。这些符号都带有纪念的性质,我们可以用一个比喻来说明。装饰各大城市的牌坊就是这种带有纪念性质的符号。比如在伦敦一个极大的车站前面有一座雕得很美丽的'哥特式'的柱子叫做'爱后坊'(Charing Cross)。在十三世纪时,有一个年老的国王差人搬运王后爱丽阿诺(Eleonore)的尸首到威斯冈斯特教寺,沿途停柩的地方都竖一个哥特式的十字坊。爱后坊就是这些殡途纪念坊保留到现在的最后一个。距伦敦桥不远的地方又有一座很高的叫做'纪念坊'(The Monument)的近代的石柱。1666 年伦敦遭过一次大火,全城毁灭了一大半,这个石柱就是纪念它的。这些纪念坊和迷狂病征一样,都是带有纪念性质的符号。但是我请问你,假如现在一个伦敦人宁愿把近代工作情形逼得不能不匆忙去做的事务丢开,或者不去观赏目前的可使他醉心的年轻的美丽的王后而去站在爱丽阿诺后的纪念坊前歆歔凭吊;再假如另有一个伦敦人在今日伦敦已经从火烬中复活过来发达到繁盛远过昔日的大都会的时候,还去站在'纪念坊'前流泪追悼他的远祖的城市的毁灭;你对于这两个伦敦人作何感想呢?迷狂病人和其他精神病人的举止行动就和这两位不近情理的伦敦人相似。他们对于过去很久的苦痛的事故不仅还牢记在心,并且连那些事故所惹起的情调也还没有消散;他们不能从过去解脱过来,所以对于现实都疏忽过去了。心理生活像这样的固结在致病的损伤上面,就是精神病的最重要的最有意义的一个特征。"

这是退向作用的比喻。现在我们再举一个实例来说明。有一位已结婚的女子常为一个锅子的观念所祟,觉得如果不把这个锅子移去,她便不能在那间房子里居住。她何以要怕锅子呢?何以在许多锅子之中只怕那一个呢?原来这个锅子是她的丈夫从维也纳 Stag 街买来的,她在幼时曾和一位名叫 Stag 的男子发生过现在不愿回想的关系,所以因不愿回想那个男子的名字而怕见从同名的街道上买来的锅子。换句话说,她幼时和 Stag 所生的关系已在隐意识中固结为情意综,她现在虽然已结过婚,仍然"退向"到这以往的痛感。她见着锅子就怕,也犹如现代的伦敦人站在"纪念坊"前追悼二三百年前的火灾一样,同是拿不适用于现在的老法子来应付现在的环境。弗洛伊德常说生病有如逃难,怕和一种可怕的东西见面,所以姑且藏在一个隐秘的地方。上例也是如此。病人在幼时做过亏心的事,心理已有损伤,现在一方面自咎,一方面又想把它遗忘。这两种心理作用是互相冲突的,既存心自咎就难得遗忘;既存心遗忘就不能自咎。这种冲突在病人看是一个最难应付的境遇。她逃到怕见锅子的病征里去,因为这个病征是可以调和冲突的。她一方面将以往亏心事遗忘而同时又依旧能自咎。不过这种自咎是变相的,是带有假面具的,所以迷狂症的作用和梦相同。

性欲的反常 退向作用最明显的是"性欲的反常"(sexual perversion)。所谓"反常"就是在通常不是性欲对象的人或物上求性欲的满足。这种倾向在儿童中是极普通的。上文所说的自性爱、亲属爱、露体癖、窥体癖等等都是反常的实例,所以弗洛伊德把儿童的性欲称为"多方发展的反常"(polymorph pervers)。依常态发展的人到成年时"来比多"逐渐专注于异性的配偶,这些儿童时期的反常的倾向乃逐渐消灭。但是有一部分人因为先天的亏缺或是家庭环境的恶影响,不能把多方的性欲冲动集中于异性的配偶身上去,于是儿童期的反常的倾向乃更变本加厉。

最简单的反常是"玩物癖"(fetishism)。患玩物癖的人常把性欲的潜力集中于一件很微细的物件上面,例如鞋子、手套、猫、犬、头发等等都可以做变相的性欲的对象,这在表面看来好像只是一种普通的嗜好;但是详细研究起来,往往可以发现其中含有性欲的成分。有一个年轻男子常偷剪女孩子们的辫发,被警察拘留起来了,他家里藏着许多辫发,都是偷剪来的。他承认看到这些辫发时就感到性欲的兴奋。据考查的结果,他这种癖好还是在幼时就养成的。他在课堂里坐在一个女孩子的背后,她的蓬蓬的辫发常常引起他的性欲,以后他便养成偷剪辫发的癖性。

同性爱　最值得研究的性欲的反常是同性爱(homosexuality)。这种反常有一小半是先天的。有些男子在体格上和性情上生来就带有女性;也有些女子在体格上和性情上生来就带有男性。这种人往往容易走到同性爱的路上去。但是只有先天的倾向还不足以酿成同性爱,必须同时有一种特殊的后天的影响。在儿童时代性欲本已发动,如果和异性接触的机会少,日常往来最亲密的又尽是同性的朋友,"来比多"寻不着正当的对象,自然会集中到同性的朋友身上去。这是关于同性爱的一般的解释。在弗洛伊德看,同性爱并不如此简单,它实在是自性爱的变相,它的成因仍然是俄狄浦斯情意综。这话怎样讲呢?患同性爱的人在儿童时代先已有乱伦爱的倾向,到成年时这种乱伦爱转变为自性爱,他把自己看作母亲的替身,同时又要寻出一个对象来可以代表他自己,可以使他爱这个人,像他爱他母亲一样。他何以要这样三弯九转地寻替身呢?因为他一方面爱母亲,一方面又忌父亲,这两种情感是道德习俗所不容的,同性爱的消极的方面就是放弃异性的爱,他既然把一切异性的爱都放弃了,自然不至于和他的父亲有"争风吃醋"的危险。依这样说,同性爱和梦与精神病征一样,都是俄狄浦斯情意综戴着假面具求满足。所以幼时被母亲溺爱的,家庭中只有异性的亲属可接触的男子最容易犯同性爱的毛病。

升华作用　我们上面说过,"来比多"有三条出路:第一条是发泄于正当的异性的对象,第二条是退向倒流到幼稚时所固结的情意综;第三条就是升华作用(sublimation)。

什么叫做升华作用呢？这就是把"来比多"的潜力从婴儿期所固结的情意综上解放开来，移到社会所容许的路径去发泄。"来比多"的潜力本来像停蓄的水，决诸东方则东流，决诸西方则西流。它得正当的对象，向前流泄时，则为性欲的常态生活；遇着阻碍退向倒流到婴儿期所固结的情意综时，则为性欲的反常和精神病；它既不顺流，又不倒流，而另从一条支流发泄，于是乃有文艺、宗教以及其他有益于人类的事业。升华作用是一种调和的办法，它一方面免去过度的压抑，使"来比多"的潜力有所归宿，本能的要求可以得到相当的满足；而同时又与道德习俗不相违背。"来比多"的潜力本来是鼓动低等欲望的原动力，经过升华作用，于是才移为鼓动高尚情绪的原动力。

文艺　文艺就是升华作用的结果。我们在上文说过，婴儿生来就有"露体癖"。这个习惯在成人社会中是违犯道德习俗的，所以被压抑到隐意识里。但是艺术家创造形体美，就是利用这种露体癖的。文艺的表现对于社会秩序没有妨害，所以不受意识的压抑。这是很显著的例子。在弗洛伊德看，一切文艺作品和梦一样，都是欲望的化装。它们都是一种"弥补"（compensation）。实际生活上有缺陷，在想象中求弥补，于是才有文艺。各时代、各民族、各作者所感到的缺陷各各不同，所以弥补的方式也不一致。最早的文艺作品要算神话，而神话就是民族的梦，就是全社会的共同的欲望的象征。俄狄浦斯情意综在文艺上势力很大，在神话中尤易见出。许多民族的神话中的英雄都是有母无父。孔子之母祷于尼丘而生孔子，马利亚梦得神诏而生耶稣，在弗洛伊德派学者看，这都由于原始人类暗地和母亲发生性爱所以把父亲推到"无何有之乡"里去。近代文学中性欲的象征尤其显然。莎士比亚失恋于菲东女士（Mary Fitton），于是创造出莪菲丽雅（Ophelia）一个角色；屠格涅夫迷恋一个很平凡的歌女，于是在小说中创造出许多恋爱革命家的有理想有热情的女子，这都是以幻想弥补现实的缺陷，都是一种升华作用。弗洛伊德派学者做了很多的分析文艺作品的工作，结论大半如此。

宗教　宗教的用处在满足人类情感的需要。这种情感虽然是很纯洁，实在也还是经过升华作用的性欲。要懂得这个道理，我们先要懂得弗洛伊德的"模棱情感说"（theory of ambivalence）。

一般人把爱和憎看作两种完全相反的情感。弗洛伊德却以为一切情感都是模棱两可的，爱之中隐寓有憎，憎之中亦隐寓有爱。比如有一种迫促迷狂症叫做"惧触症"（touching phobia），患者心中常为触摸的观念所祟。这病是如何发生的呢？原来他在幼时常好用手触生殖器，后来父母告诉他这是可羞恶的习惯，才勉强把它戒去，但是这个观念还在隐意识中作祟，所以酿成惧触症。他对于触的情感是模棱两可的，在隐意识中是爱，在意识中是憎，爱者以其可以满足幼稚的性欲，憎者以其在社会中迹近淫污。情感既然像这样模棱两可，所以我们遇见一个人对于某种事物特别畏避时，就可以推知该种事物对于他实在有极强烈的引诱，他在隐意识中实在极热烈地爱着它。各种宗教都畏避肉欲，都要摆脱现世的引诱，其实都是肉欲过强的反动。许多虔信的教徒都是先感到极强烈的肉欲的引诱，而后对于肉欲存着不近人情的畏惮和嫌恶。如果他们叛教返俗，他们荒淫放浪往往反比一般人更厉害。法朗士（Anatole France）在《苔依丝》那部长篇小说中就是描写这种灵和肉的冲突。一位道人因为受了一位名妓的迷惑，要避开她，于是逃到沙漠中过了几十年的苦行的生活，到最后还是斩不断尘念，要去寻她。这个故事很可以代表一般宗教家的心理。

图腾和特怖　"图腾"和"特怖"是原始宗教的两大要素，它们的来源也是俄狄浦斯情意综。所谓"图腾"（totem），就是原始民族拿来代表部落的符号，它的用处颇近于姓氏。这种符号大半就是该部落所尊为神圣的物体,例如袋鼠图腾尊袋鼠为圣物,其中一切分子都用袋鼠做符号。每个图腾都有"特怖"(taboo),就是全部落所视为不可侵犯的厉禁。最普通的"特怖"有两个:一个是同图腾的通婚,一个是宰食代表图腾的圣物。犯禁的人往往被处死刑。这种风气现在在非洲、澳洲以及南美洲诸未开化民族中还可以看见。它的起源如何呢?

先说亲属不通婚的"特怖"。这不仅是野蛮民族的厉禁,就是文明国家也还把它看作一种罪孽。这完全是起于乱伦的倾向。人类原来有一种极强烈的欲望,要和亲属结婚,但是图腾中的酋长(相当于家庭中的父亲)对于全图腾的妇女有独享权,其他男子对于他都存着一种敬畏,不敢侵犯他的权利,所以把亲属通婚悬为厉禁。这个"特怖"在原始社会中只是保障酋长的权利,后来数典忘祖,它才成为一种道德的信条。它也是模棱情感的表现,人类在意识中对于亲属通婚虽然表示嫌恶,而在隐意识中实在觉到它的强烈的引诱性。

尊敬图腾动物的起源也是如此。患迫促迷狂症的人常把畏父的念头移到动物身上去,例如畏马就是一种畏父的符号。原始社会所供奉的图腾动物其实也是代表父亲。图腾社会虽然尊敬它所用为符号的动物,而在祭神时却又用作牺牲。祭祀之后,同图腾的人即举行分食祭肉的典礼。弗洛伊德说,牺牲图腾动物是原始人类弑父欲望的象征,分食祭肉是人类第一次庆祝成功的宴会。后来人类自己觉悟到弑父是一种亏心的事,心中对于这种举动存着"罪恶意识",于是才寻出两个方法来赎过:第一就是彼此相约尊奉象征父亲的动物为神圣不可侵犯;第二就是相约不占领父亲的妇人。这就是两大"特怖"的起源。

群众心理 我们在第二章已讲过弗洛伊德的暗示说,在这里只要提醒读者,暗示是群众心理一个最重要的现象。教育、习惯、风俗等等大半都从少数人倡始而多数人附和，都是暗示的结果。弗洛伊德以为原始人类对于酋长由畏忌而敬仰，久而久之，便养成一种服从性；同时婴儿的性欲中大半都有“受虐癖”的倾向，甘心受性欲的对象的驾驭和凌虐。所谓暗示，就是根据受虐癖以及原始人类对于酋长的服从性来的。它也是一种退向作用，一方面退向到婴儿期的固结，一方面退向到原始社会的习惯。从此可知群众心理的基础也不外是性欲了。

荣格的批评 荣格本来是弗洛伊德的高足弟子，可是他对于师说颇多非难。第一，他也沿用“来比多”这个名词，不过把它看作生活力的总称，相当于柏格森的“生命的动力”(élan vital)，性欲冲动仅为其中一个要素。第二，他否认弗洛伊德的婴儿性欲说。例如吸吮、排泄所生的乐感全由于营养本能，与性欲无关。在他看，弗洛伊德所最难说得通的是性欲的潜伏期。如果婴儿有性欲，应该同体格一齐发展，不应有所谓潜伏期。如果说潜伏期由于压抑作用，则成人的道德意识并不比儿童薄弱，潜伏之后又再现也不可解。第三，他承认俄狄浦斯情意综的重要，不过以为它是初民所遗传下来的“原始印象”，不是在婴儿个体生命史中形成的。弑父娶母是野蛮时代的普遍的经验，现在人类还保存着这个种族记忆。第四，他承认精神病是退向作用，不过以为它是生力返流到原始时代的心理习惯，不是性欲返流到婴儿期的固结，性欲的反常是很普遍的经验，何以只有少数人才发展为精神病呢？弗洛伊德误在没有注意到这个问题。在荣格看，精神病的发生由于“生命的工作不成功”。困难当前，没有方法可战胜它，“来比多”于是倒流到原始时代的心习，把旧而无用的方法拿来适应新环境。

阿德勒的批评 阿德勒对于弗洛伊德的泛性欲观也极力攻击。他以为生命的原动力不是性欲而是“在上意志”，连性欲也只是在上意志的化装。例如有一个寡妇的儿子，幼时常和母亲吵闹，后来和一个性格很好的女子订婚，监督未嫁妻的教育过于严厉，以至相争解约，他大受激动，因而发生精神病。如果依弗洛伊德说，他的病一定是起于性欲，阿德勒却以为它起于在上意志。他幼时和母亲吵闹，已于不知不觉中发生无法驾驭妇女的印象。这种缺陷感觉暗中使他发生闪避婚姻的意志。他何以要订婚呢？这也是由于在上意志。他自觉不能驾驭妇女，而"男性的抗议"又提醒他自觉不应如此无力。他恋爱订婚是一种假面具。他的目的是在择一个值得征服的女子来征服一次，以表示他没有缺陷。在订婚时他的隐意识中即已预伏解约的动机，所以对于未婚妻的教育过于苛求。既解约以后，他的隐意识中有意永远打断婚姻的路，所以发生精神病。阿德勒的这番话虽然也很牵强；但是拿来和弗洛伊德的学说相比较，可以见出他们所走的都是极端。

麦独孤的批评　麦独孤以为弗洛伊德持泛性欲观，根本错误在没有辨明本能和情操的分别。本能（instinct）是单纯的先天的倾向。每个本能都有一个特殊的情绪（emotion）。例如遇着危险时所生的逃避的冲动是本能，所感到的畏惧是情绪；遇着敌人时所生的攻击的冲动是本能，所感到的忿恨是情绪。情操是在后天形成性格时集合许多本能和情绪在一齐同力合作的结果。比如爱国是一种情操，其中可以有许多本能和情绪，国家强盛时所感到的兴奋，国家危险时所尝到的畏惧，对着敌人所生的侵略或防卫的冲动，彼此性质虽不同而可以集合成一种情操。弗洛伊德没有认清这个分别，他所说的"性欲本能"，其实是"爱的情操"（sentiment of love）。爱的情操是极广泛的，我们可以爱国家，爱父母，爱妻子，爱理想，爱名誉。弗洛伊德看见"性爱"在"爱的情操"中是最强烈的，便以为性爱之外别无所谓爱的情操，这已经是一大错误。再说"性爱"（sexual love）它也是一种情操，其中有"性的本能"（sexual instinct）和"亲的本能"（parental instinct）两个成分。性的本能是寻求性爱的冲动,亲的本能是爱护幼弱的冲动。在动物界中雄者有缺乏亲的本能而性的本能却甚强者;雌者有性的本能薄弱而亲的本能甚强者,可见这两件事并不能混为一谈。弗洛伊德没有认清这个分别,结果是把性爱的情操看作性的本能,这是他的第二大错误。他既把性爱的情操看作性的本能,又把一切爱的情操看作性爱,结果把一切心理活动都看作性的本能的表现,这真是差以毫厘谬以千里了。

第七章　心理分析法

弗洛伊德的学说大要以及它的弱点,我们已在上面三章中讨论过。弗洛伊德本来不是一个经院派的心理学家,他的本行职业是医生,他对于心理学发生趣味,是从精神病的研究入手的,所以他的心理学说不过是他的精神病治疗法的一个理论的基础。学者对于这个理论的基础(隐意识说和压抑作用说)虽然觉得还有许多可置疑的地方,而对于他的精神病治疗法(心理分析)则多认为是医学上一个极重要的发明。

心理分析法(psycho-analysis)究竟是怎么一回事呢? 我们须先说它的目的。

心理分析法的目的　我们在讨论压抑作用时已说过精神病的成因。一言以蔽之,和道德习俗不相容的欲望被道德意识驱逐到意识范围之外，在隐意识中成为情意综，结果使和该欲望相关的观念被遗忘，和该欲望相关的情调或"来比多"被淤积不得发泄，以至于转附到和意识可相容的观念或器官的失常的作用上去，于是形成种种精神病征。到病征发现时，医生固然看不出病由何在，连病人自己对于致病的情境也不能回忆起来。所以医治这种精神病时有两大困难：第一个困难是召回关于致病情境的记忆；第二个困难是把淤积的或固结在病征上面的情调或"来比多"解放开来，使它循正当路径发泄。如果医生能解决这两大困难，病由消灭，病征也就自然消失了。我们还记得勃洛尔所诊治的病妇，她的病征是不能饮水，她的病由是对于保姆的嫌恶和看见保姆的狗在杯中饮水一段经验。她在病中记不起这个"受伤记忆"，到医生在催眠中把它发现出来，使她把这个经验重新在意识中审查一遍时，她的病立刻就消灭了。这个简单的病例是心理分析法所自出，我们明白它就明白心理分析法的功用了。我们从这个病例可以看出心理分析法就在要解决上面所说的两大困难，它要窥探隐意识的内容，要发现致病的情境何在，要解放被淤积的不得其所的"来比多"的潜力，总而言之，要把病根寻出来然后把它砍去。

我们记得勃洛尔的"谈疗"还借重催眠术。弗洛伊德以为在催眠状态中意识的检察作用疏懈，不能见出压抑作用的真面目，所以把它丢开而用"按压法"，就是用手指按压病人的头额，叫他极力回忆生病时的情境。后来他觉得按压法太费气力，很容易使病人厌倦，于是改用心理分析法。心理分析法虽然和"谈疗"及"按压法"不同，却是从它们逐渐演化出来的。

心理分析法所用的材料可分为三大部分：第一部分是梦；梦的象征和解释，我们已有专章详论，现不再复述。第二部分是醒时的联想。第三部分是日常的心理变态。

现在先讲醒时联想。弗洛伊德和荣格都注重分析联想，可是所用的方法不同：弗洛伊德所用的是自由联想法；荣格所用的是单词联想法。现在一般心理分析专家大半兼用这两种方法。

自由联想法 病人须躺在一个安乐椅子上，很逍遥自在地让思潮自由起伏，想到什么就说出什么，丝毫也不用隐讳。分析者坐在病人背后乘机发问，叫他把致病的经过、家庭环境以及他的过去历史都坦坦白白说出来。他须把意识的评判丢开，无论是可羞恶的，是带有痛感的或是他自己以为无关重要的，都不应该隐瞒。思想须自由涌现，不必要有次序或是要有理论的联贯。

抵抗 行心理分析法，最忌求生速效。在初几次分析时，成绩大半都很坏。病人虽然口里答应不隐瞒，心里还是有许多话不肯说出。这种省略去的念头在当时病人自己看来是极微细的，可是如果后来说出，往往是致病情境中的一个重要关键。有些病人甚至于到受分析时一句话都说不出，虽然心里觉得有许多话要说。有些病人在分析之前就先把要说的话预备好，这在表面看来似乎是对于分析很热心，其实还是暗中恐怕临时说出不可对人言的话。有些病人在分析开始时对于分析者往往存仇视的态度，或者骂他的手段不好，或者嫌他费时候太多，索诊价太高。有时他们把规定的受诊的时间忘了，或是借故不到。这些现象都反映了隐意识的"抵抗"。致病情境原来被遗忘时，是由于检察作用的压抑；现在抵抗它回到记忆中来的也还是检察作用。精神病本是一种逃难的地方，病人生了精神病之后，隐意识中都不愿痊愈，因为一痊愈就要再见原来致病时的困难。所以他在隐意识中不愿医生知道他的隐事，对于心里分析表示种种化装的抵抗。

移授 抵抗自身也是一种病征，分析者第一步就要把这个病征消去。这也并不是难事，只要分析者有忍耐性，他自然逐渐得到病人的信仰。信仰既生，病人便逐渐向分析者招供自己的隐事。分析的次数愈多，病人和分析者的关系也愈加密切。病人愈把分析者看成知己，对他的敬爱也就日渐增加，到后来往往把他看作神人一般的全知全能，他所说的话没有不被听从的。如果病人是女子，分析者是男子，他们的关系往往近于性爱。当初有人把这种现象认为心理分析的一个大缺点，后来才发现凡是奏效的心理分析都要经过这个阶段。依弗洛伊德说，这种现象是情调的转变。原来病人的"来比多"潜力附丽在某一人或某一物的观念上（例如俄狄浦斯情意综中子之于母），现在他把它移注在分析者的身上。这种情调的转变在心理分析的术语上叫做"移授"（transference）。有时所移授的情调不尽是爱，同时夹有嫉恨的成分。移授是治疗的初步。病人的精神失常，本由于性欲固结在不适当的对象上。移授就是打破这个固结，就是把病根移去。移授作用既发生之后，分析者便利用他的魔力，使病人把与病征有关的情境召回到意识中来，剖析给他看，使他明白那种情境并不是像他当初所想的那样可羞可怕，不必盲目地压抑下去。同时分析者又使他重新经验致病时所感到的情绪，使"来比多"的潜力得解放发泄。照这样办，病征自然逐渐消去。但是分析者的职务并不是到了治疗就算止步。治疗以后，他还应设法使病人以后不至再发生同样的病征，所以分析之后，要继以"更新教育"（re-education）。所谓更新教育，就是教导病人以适当的方法应付环境，使他把作祟的"来比多"潜力发泄于正当的路径。比如有性爱需要的人，分析者须使他寻适当的异性配偶，过常态的性生活。他还可以引导病人利用升华作用，把"来比多"的潜力发泄于文艺、宗教及其他有益的活动方面去。

自由联想的实例　有时自由联想可与梦的解释同时并进，先使病人把梦说出，然后叫他从这个梦出发去自由联想。我们现在借迈德（Maeder）所举的例子来说明：

受分析的是一位患迷狂症的女子，年三十岁，在受诊的时期之中说过这样的一个梦："我梦见许多蚯蚓在一个平素是插花用的瓶子里爬行,其中又有一条鱼,我当时就发生一种嫌恶的感觉……我又梦见一座房子的窗子都被彗星戳碎了(说到这里,她发一阵狂笑)。你(指分析者)当时也在那里,说刚买了些房子。"分析者叫她从蚯蚓出发作自由联想,把所想到的都说出来。她于是说:"蚯蚓,它是一个可嫌恶的东西,像一切具那种形状而爬行的东西一样(叹了几口气)。卑污的东西;鳗鱼;我怕吃鳗鱼;光滑的;爬,虫,蚯蚓;钓鱼人把它切成细块摆在钓钩上去作诱鱼的饵;来到,触动,上钩;获得;利用手段达到目的;目的可以辩护手段;我记得初学游泳时,像鱼上了钓钩一样地摆动;萧邦或是舒曼做的《白鲈鱼歌》,那是一个水中仙子上钩的故事;那首歌原名《被骗者》;人也像鱼一样,是会上钩的;……我有一次陪姐姐和姐夫在一个山谷中散步;那天晚上有许多流星,那是落下来的星的细块子;想起一个故事,天上的星落到一个姑娘的衣上尽成了钱,她因此发福;赠品,接收,含蕴;……落星,落金子,花,鱼(叹气);我们所有的坏的东西,就是我们的本能……。"

这段自由联想中所有的意象,如鱼上钩、水仙上钩和落金子故事等等,都是心理分析中所常见的象征。从这些象征看,她心中作祟的记忆显然是一段诱奸的经验。后来经过多次的分析,发现她从前果然是被人诱奸过。这段带有痛感的情境就是她的迷狂症的病由。

单词联想法　这个方法原来是德国大心理学家冯特所常用以研究常态心理的,荣格把它略加改良后,用在心理分析方面以补自由联想法的不足。他选出一百个刺激词(stimulus words),例如头、青、死、船、病、钱、吻、友、花、门、洗、婚、画等等。分析者依次朗诵各刺激词,使病人把刺激词所唤起的联想词(association words)或反应词(reaction words)随时想到,随时说出,不可稍有迟疑。由听刺激词到说出反应词所经过的时间叫做"反应时间"(reaction time)。心理健全的人对于每个刺激词所需的反应时间通常为三秒种左右。例如听到"花"字,他不过三秒钟就说出"香"字或其他有关系的字,用不着迟疑。有时某词所要的反应时间或许特别长久,这就由于它触动隐意识中悲痛记忆,联想起的反应词有泄露心中隐事的危险,经过一番挣扎才说得出来,所以反应时间较长。有一个人听到"树"的刺激词,过四十五秒钟之久,才说出反应词。他是一个著作家,在他的书中"树"字也只见过两次,而每次都和悲痛的情境有关。分析者仔细研究,发现他在九岁时曾见过一个人从树上跌到石头上把头碰破了,因而受一番大惊吓。"树"的观念因此成了恐惧的情意综的中心,所以它的反应词须经过一番情感的激动才得脱口而出。观此可知单词联想法和自由联想法的用处都相同,都在发现病人已遗忘的致病的情境。

单词联想法常与自由联想法相辅而行。分析者既先用单词联想法发现某刺激词和隐意识中的情意综有关,于是再寻与它有关系的刺激词做中心,叫病人从此出发作自由联想。下面是一个实例:

"颈,颈,树,一个水池,颈痛,觉得被水淹了似的,眼瞎了,工厂,父亲,父亲在那里做工,呀,对了! 一个小孩子倒在我的身上,我那时才有七岁左右,我的颈子打脱了关节,他们到工厂里去找父亲,父亲于是背着我去见医生。"从这个联想线索看来,我们可以知道病人幼时曾因颈子折坏而大受惊吓,"颈"的观念在隐意识中成了恐惧的情意综的中心。现在病人既回忆起这段经过,"来比多"潜力不复淤积在这个恐惧的情意综上面,所以病也就痊愈了。

日常变态心理的分析　梦和联想之外,还有些日常变态心理的材料也可以帮助心理分析者明了被压抑的欲望。最普通的是错误动作。例如口误、笔误、误读、尴尬的举动、不可解的遗忘、打碎或失脱某种物件之类,我们天天都遇得着,总以为它们全是机会,或是不注意的结果。其实它们都有特别的原因和意义，一经分析，我们就可以看出它们也是表现我们不愿意让意识察觉的冲动和愿望，它们的根源也像梦和病征一样，都在被压抑的欲望和情意综。所以我们最好也把它们当作病征看待，可以帮助我们发掘内心的秘密。

遗忘和错误　我们举几个实例，就可以见出遗忘和错误也是心理分析的好材料。弗洛伊德说他自己对于不出钱的病人常易于忘记，这就由于他在隐意识中不愿做没有报酬的工作。琼斯（E. Jones）抽烟过度时，常忘记烟斗在什么地方，过几天他总是在很偏僻的地方把它寻出，这是由于隐意识在无形中阻止他抽烟过度。有一位著名的政治家有一夜做主席，在宣布开会时站起来说：“我宣布闭会”，这是由于他疲倦过度，隐意识中原有闭会的愿望。一位店伙正在注意看一个美丽的女子，忽然有一位男主顾来问路，他匆匆忙忙地转头回答说：“打这条路去，太太！”这是由于他在隐意识中想和那位女子说话。这些错误的道理也很类似梦，不过隐意识在梦中须借化装出现，在日常错误中乘意识霎时的疏忽，来得快去得也快，所以不用化装。

机会动作　此外还有许多我们平素不注意的动作，例如机械式地玩弄一种物件，低声唱一个歌调或是搓手掌咬指头之类，我们通常认为在心理上无关重要，把它们总名为“机会动作”，其实也属于这一类。我们已经说过，弗洛伊德是一个前定主义者，不相信心理中有所谓机会。有一因就有一果，有一果就有一因，物理如此，心理也莫不如此。比如我们无意中随便想一个数目，在无数的数目中独择某一个数目，也有一个道理。弗洛伊德有一次写信给朋友说：“《梦的解释》一书校勘已告竣，就是有 2467 个错误，我也不去再改了。”这里 2467 一个数目好像是在高兴时信手拈来以表示“许多”的。但是他何以不择旁的数目而独择它呢？据他自己的分析,道理原来是这样:他在写信之前曾在报上见到 E. M. 将军退休的一段消息。他在年轻时曾跟着这位将军做事,现在他和他的妻子谈起,她回答说:"那么,你自己也应该退休了。"在写信时他还在想这番谈话,他在 24 岁隶 E. M. 将军部下时的情形忽然浮上心头,这是该数目中的 24 所由来。该数目的后半 67 为 24 与 43 的和数。弗洛伊德那年正是 43 岁,他想起 67,因为隐意识中有再过 24 年便退休的希望。弗洛伊德以为一切心理活动都是如此"前定"的,只要细心分析,便可寻出线索来。

诙谐 弗洛伊德曾经说过,要明白心理分析术的种种问题,我们最好从研究诙谐的构造入手。他在《诙谐和隐意识的关系》及《心理分析五讲》中曾经举过这样的例子:

> 有两个奸滑的商人借不正当的投机事业得到一大宗财产,想攀交上等社会,以为要达到这个目的,须请一位有名的画家替自己画像。他们花了许多钱请画家画了像,于是开一个很堂皇的夜宴,请人来看。他们亲自引导一位很有声望的美术批评家到悬画的墙壁面前。那位批评家看见两幅像并排挂起,仔细看了许久,摇摇头,好像是发现了什么毛病似的,他一言不发,只指着两幅像中间的空隙问道:"耶稣到哪里去了呢?"

弗洛伊德把这句诙谐加以分析,说那位画家显然是要说:"你们是两个混账东西,像耶稣上十字架时旁边同时临刑的那两个盗贼一样。"但是他没有明说,只说一句旁的话,这句话在表面看来似乎怪诞无稽,和目前情境没有关系。可是他的鄙夷却不难在这句俏皮话中看出。它和谩骂有同等的意义和价值,它是谩骂的替身或化装。这种诙谐一方面能满足凌辱敌人的自然倾向,一方面又能免失礼之讥,不至受寻常自然倾向所惹起的压抑。换句话说,诙谐是在笑里藏刀,刀所以泄忿,而笑所以欺瞒社会。诙谐所生的快感是多方面的。它自身在字面取巧已足生"游戏快感",而同时它又能得满足自然倾向的快感。

日常心理变态不一定是一种病态,个个人都是免不了的。它固然是心理分析的一种材料,但是比较梦和观念的联想稍为次要。

附录

弗洛伊德的隐意识说与心理分析

　　近代心理学者对于心理学范围一个争点,可分两派:一派像詹姆斯(W. James),偏重内省,视心理学为意识的科学(the science of consciousness);一派像华生(J. Watson),专重旁察,视心理学为行为的科学(the science of behaviour)。行为学派者不承认行为以外别有可为心理学材料者,意识和无意识当然都不在论道之列;内省所及也很难出意识范围。所以意识派和行为派有一点相同:他们都把无意识一面心理忽略过去。但无意识之存在不可否认,我们听奕秋就不能想鸿鹄,想到东边就忘了西边。这些意阈以外的心理状况也应该不为心理学者所忽略,所以近来无意识研究渐放光彩,1909 年日内瓦国际心理学会议,无意识问题占重要讨论之一,这几年关于无意识的出版也很露头角了。

维也纳大学教授弗洛伊德（Sigmund Freud）的持论，与多数讲无意识者本不相同。但他的学说引起近代心理学者研究无意识，已为世所公认。弗洛伊德的隐意识说（Freudian theory of the unconscious）（附注）和心理分析（psycho-analysis）不仅替心理学别开生面，对于艺术文学宗教伦理教育医学，也都翻新了一些花样。十年前心理学界虽受他的学说的大震撼，多数学者仍不以他为然。欧战结果，弗洛伊德学说像联盟国一样幸运，得了一个大胜仗，因为许多兵士患一种神经病，据名医马考德（McCurdy）诸人研究，各种病况多与弗洛伊德学说吻合。他的心理分析法很医好些神经昏乱病。由是弗洛伊德变为心理界之达尔文了。我国各杂志偶尔有一两次说到弗洛伊德学说的，都语焉不详，恐怕不能生什么效力。我所以用简明的方法把他的大要来述一遍。

这篇文章将分作九段：一、弗洛伊德的隐意识说，二、隐意识与梦的心理，三、隐意识与神话，四、隐意识与神经病，五、隐意识与文艺和宗教，六、隐意识与教育，七、心理分析，八、心理分析与神经病治疗学，九、结论。

一　隐意识说

隐意识起源于幼稚时期。儿童未受教育影响时，天真烂漫。因兽性冲动作用，满腹都贮了一些孩儿气的欲望，这种欲望大半与爱情或色欲有密切关系。后来年龄渐大，他们因为受习俗和教育影响，发现那些孩儿气的欲望大半与伦理习俗法律宗教种种相冲突，于是他们不得不忍辛耐苦，把原来不为社会所容许的欲望压制下去，以迎合环境。譬如他从前想和近亲成婚，现在觉得这事不大体面，就把他的念头打消了。但他们对于这种克己的功夫，知其当然不知其所以然。那些被压制的欲望并非完全扑灭，不过躲藏在意识舞台后面罢了，他们仍旧存在心中，像原来一样活动，不过瞒着主者，不被他的意识察觉而已。换句话说，他们被压制以后，就变成隐意识（the unconscious）。成年以后，无数较卑鄙的念头，都这样被主者驱出意阈以外，好让较高尚的生活目的去寻实现的路径。改变了多少宗旨，就压制了多少欲望。如后来被压制的欲望和从前的性质相同呢，他们就结为伴侣，混成一气。隐意识如此渐渐增大，好像正流受支流一样。

隐意识和通常记忆（memory）不同。弗洛伊德称通常记忆为先意识（preconscious），先意识与隐意识有两大异点：一，先意识的起源在感觉所遗留的印象，隐意识的起源在欲望经过压制；二，先意识于必要时可以召回，使复现于意阈之上，隐意识除非心理起变态时，或用心理分析法时，不容易复现于意阈之上。

刚才不说隐意识还是一样活动么？何以不被我们察破呢？依弗洛伊德看来，意识和隐意识处对敌地位，界限森严，好像一个在门里，一个在门外。意识有一种压力（repressing force，censor），这种压力好像一位关门令尹，站在"意识重地，闲人免进"的招牌旁，时常防御隐意识破关而入，扰害意境治安。在心理健全时，意识的压力常比隐意识的潜力大，所以隐意识不敢越雷池一步，只好在自己的境界活动。

二　隐意识与梦的心理

睡眠中意识的戒严令已失效，所以他的压力不免松懈职守，隐意识于是趁这机会，轻轻巧巧的偷关过到意识境界，为所欲为了。但他和意识原来相识，意识倘若看见，定会识破；所以他改头换面，不露真相。照这样看，梦是被压制的欲望在幻想中蒙着假面具实现。清晨所记得的梦中一切，都不是梦的真意义，是真意义的化装。弗洛伊德称这种化装为梦的符号（symbol）。拿字谜做比例：所记忆的梦是谜面，梦的真意义是谜底。谜底须从谜面上加一番猜度，才可发现；梦的真意义也必须经一种推测，才能解释。但这种推测不是像算命先生从梦火推到升官一样玩艺。弗洛伊德释梦，是用具有科学精神的心理分析法的。我暂且把这层放在下文分解，来举个例子把梦再说明白一点。一少年梦见站在园里，四面张顾，看见没有人，就偷摘一个苹果。用心理分析法唤醒他的过去经验，许多回忆的历史中有这一段故事：他原来和一女婢通情，前一日还同她会晤一次，但没有结果而散。依弗洛伊德的见解呢，这段故事就是作偷果梦的原因。偷果是与婢成欢的欲望之化装。两个同是可惭愧的事情，所以能生遮护的关系。偷果是一种符号，与婢成欢是梦的真意义。这种遮护手续是因为逃脱意识压制的。这里我要申明一句，这是弗洛伊德一面之辞。据考尔经（Calkins）女教授的研究，梦与睡眠中身体所受的刺激，和感觉所遗留的印象，都有密切关系。譬如以手掩胸，梦为怪物所压，日间读的书，梦中还像摆在面前。这就可以补弗洛伊德的偏狭。

三　隐意识与神话

民族进化，和个人生长一样，也有阶级可寻。在民族幼稚时期，社会团体也蕴蓄许多公同的孩儿气的欲望。后来民智渐开，文化渐盛，先民所希冀的多与事实相冲突，于是也被压制下去。这是民族的隐意识所由来。民族的隐意识常流露于神话。所以荣格（Jung）称神话为民族之梦。神话大半无稽，现代人民知识本能够察破它的荒唐。但人人还喜欢谈神话，这就是隐意识的作用。因为它虽与事实相冲突，却又不妨碍事实。它不过是原始人类的欲望现在在幻想中实现罢了。"虽不得肉，聊且快意"，神话也是这个玩艺儿。我国《封神传》所说的腾云驾雾，《聊斋》所说的狐鬼婚姻，都是原始人类所遗传的欲望，不能见诸事实而托于梦想的。

像梦一样，神话也有时不见真面目，寓意于化装里面，以躲避意识的压力。弗洛伊德所分析的俄狄浦斯（Oedipus）一个神话，讲心理分析和变态心理学的书常爱称引，我现在把它述个大略：俄狄浦斯之父为忒拜（Thebes）王。俄狄浦斯出世时，术者说他将来必弑父娶母，所以生而被弃。他于是寄养于邻国的王室。后来俄狄浦斯既成年，到忒拜游历，与忒拜王有点口角，就把他杀死。忒拜人尝为一狮身人首之兽所苦，俄狄浦斯能破其术，所以忒拜人选俄狄浦斯为王，而嫁以新寡之后。实则俄狄浦斯所杀者即其父，所娶者即其母，适合术者预言。弗洛伊德说，人生最初所钟爱的目的，即为其母。但母的爱情为父所分去，所以人生最初所妒忌的目的即为其父。俄狄浦斯弑父娶母，虽像是无心之失，实则原始人类和儿童常不免有爱母仇父的观念，俄狄浦斯的故事不过是原始人类的欲望流露于神话罢了。

四　隐意识与神经病

弗洛伊德的隐意识说是研究神经病的结果。起初有一女子患神经昏乱症（hysteria）就医于弗洛伊德和勃纳尔（Breuer），并把她的平生事迹统统告诉给这两位医生。寻常医药试遍无效。于是弗洛伊德把这个病症细心研究到二十多年，才证明这个病原是早年的欲望在被压制以后，还时时同意识起冲突。

在心理健全时，隐意识只在梦中带假面具出现。倘若心理有变态，于是意识压力薄弱，隐意识能够闯到意识境界，同意识起冲突，神经就起错乱的现象了。这种现象不仅在病中，就在健康时也能偶尔发现。有一女子曾写信给夺她自己恋爱的人的女友，收尾说，"我甚望君安而不乐"（well and unhappy），她对于这位女友当然不免有些妒忌，但哑子吃黄连，只能在心里苦，断不能说出口来的。此次她稍不留心一点，意识压力松懈职守，隐意识便出来闹笑话了。像这种无心之失，我们差不多天天遇见。弗洛伊德在他的《常发现的神经病》（psycho-pathology of everyday life）中说这种现象非常详细有味。上次欧战中，英法兵士以患神经病而被遣归的非常之多。医生以为战时神经病都由受炮弹炸裂的震撼所致。有人又说是由于炸药中的单氧化炭。所以他们把战时神经病统名为"惊弹症"（shell shock）。但有人对于此症原因仍不免怀疑。因为没有离开英国的兵士中也发现同样病症。研究结果与弗洛伊德所说的隐意识作用相吻合。在战争中，兵士的心境大半都极不平安。一方面战场上横尸流血的光景使他们刻刻危惧，刻刻有逃命的念头；一方面责任心和爱国心又把逃命的念头勉强压制住，成了隐意识。战情一天紧似一天，危惧心和责任心的冲突便一天强似一天。后来隐意识的潜力堆积到极高度，不能不猛然爆发，把神经弄得颠倒错乱，这是战时神经病的原因。心理分析法可以把此症完全医好，详见下文。

五 隐意识与文艺宗教

如前所说，我们的心境简直是个战场：一方面习俗、教育、宗教、法律所范围的意识处防守地位，时时坚壁固垒，以备不虞；一方面被压制到隐意识里去的童心兽欲，又时时枕戈待旦，相机而动。这样看来，我们的理性的意识不是常常处在危险地位么？隐意识不是我们的仇敌么？但隐意识也非不可利用的。它所含蓄的潜力不能不求发泄。如任它自然发泄，势必至泛滥横流；如把它开导到一定的正当的方面，它的功用也很大。譬如残暴好杀的人可以训练成个勇敢有为的兵士，不一定要做强盗，这就因为他的气力有发泄的地方。隐意识潜力也只求一个发泄的地方，好坏是不管的，所谓"决诸东方则东流，决诸西方则西流"，正是个绝好譬喻。譬如隐意识中夸张气太重的人，可以练成一个演说家。隐意识中美容的嗜好很深的人，可以练成雕刻家或画家。大概爱文艺和信宗教的人都有些与事实相冲突的孩儿气。诗歌小说常想入非非，都是隐意识的流露。这种隐意识若不如此流露，便可倒行逆施，使神经错乱。它所以能如此流露，是因为所走的轨道与习俗道德法律都不相冲突，所以意识不压制它、排挤它，反而调节它。隐意识像这样由有害变成有益时，弗洛伊德称之为"陶淑作用"（sublimation）。

六　隐意识与教育

隐意识影响人生既如此重要密切，又大半起原于幼稚时期，那么，他和教育也很有关系了。大约在专制社会之下，个人受外界压力极大，只能闭着眼睛服从，自己的个性都打到十八层地狱下去；这样就不知不觉的造成许多隐意识了。如民性好自由，社会少无理束缚，那么，人人能自有权衡，遇见一个事物，先加一番思索。好么，就希望，就用力达到目的；不好么，当然无令人希望的魔力。这样就不会种下隐意识的种子了。所以学校和家庭当鼓励儿童自由思想，独立自重，使他们能自己审度事理，不至有不好的欲望要压制。说到这里，我想我国家庭待儿童的态度真贻害不浅！单拿男女交际为例：同群相亲，本是天性。我国男女界限异常严密，使儿童把极平常的事想得非常奥妙神奇，遂至引动他们的好奇心。愈以为奇，愈想窥其底蕴；愈想窥其底蕴，社会防闲愈密；于是儿童不能不把他们的欲望勉强压制下去。普通人以为这是社会压力的成功了,实则祸根就种在这里！心中既有郁郁不得发泄的欲望,所以心理发达不能顺天然程序,这是与道德智慧都有极大妨碍的。只把少年做的诗词小说打开一看,全是一阵阴沉郁闷的酸气流露纸上！这就是意识和隐意识相冲突的现状了。我劝父兄师保们趁早觉悟,让儿童走自然发展所必经的路径,鼓励他们磨炼明察事物的思辨力,不要一味的压制。如果遇一经发泄必至贻害的兽性,也只当在积极方面着想,对儿童说当如此如此,不要只说莫如彼如彼,好在隐意识的潜力可以用上文说的"陶淑作用"引导到有益的方向去发泄。我国美育本太欠缺。一般人视饮食男女外,别无较高尚的生活目的,实在是社会上卑鄙龌龊一个主因。文艺是陶淑隐意识的无上至宝;宗教也可使普通人有较高尚的生活目的。我愿教育家稍稍注意此点。

七　心理分析

解梦与侦察神经病原,都要用心理分析法。心理分析的目的在发见隐意识中曾被压制的欲望和情绪。病人须坐在静室内,安闲自在的沉思默省,把与病况有关系的过去经验一一回想出来,报告给心理分析者。此时思想要极自由,极力脱去道德、习俗、法律种种观念的束缚。能想到什么就想什么,想到什么就说出什么,不要存丝毫羞恶之心。这样办法可以暂时减杀意识的压力,使隐意识中被压制的欲望,都穷形尽态的流露出来。这个方法名为自由联想法(free association method)。行使这个方法时,可以用种种技术;譬如教病者不用思想,随意写散字,写出来的字大半时时来往起伏于病人心中,所以能给心理分析者一线光明。心理分析者又可写许多单字,一个一个的给病人看,教他飞快的立刻说出与此字有关系的字。譬如病人受了惊吓,给他黑字看,他或者举鬼字做黑字有关系的字;如果他曾打消一个偷花瓶的念头,给他花字看,他或者举瓶字做花字有关系的字。这个手续要快,要完全不用思索,才能生效。

自由联想法很难探得确实的消息,因为病人总不免有些不可对人言的心事。他还不能把意识的压力完全推开。最好把病人催眠,于是设许多疑问,教他回答。在催眠状态中,病人不受意识的压力,不仅把不可对人言的心事,都合盘托出;就是他自己平素所忘记的经验都可想起来了。隐意识中被压制的欲望到这时都流露出来,所以心理分析者能考察致病的原因在哪里。

心理分析已成为一独立科学。操是术者不但要对于变态心理学很有根底,还要一种天才和技艺。分析手续非常繁难,我在这里限于篇幅,不过说一点大概罢了。

八　心理分析与神经病治疗学(psychotherapy)

神经病原因在隐意识与意识相冲突,已说在上面。

隐意识内容连病人自己也莫名其妙。心理分析法既把隐意识搜求出来,使复现于意识境界,于是病人就因此痊愈。这有两个理由:一,隐意识的潜力从前抑郁不展,现在复现于意识境界;既有机会发泄,所以不再泛滥横流,为害心绪。吾人严守一种秘密,心中总觉奇痒难禁,告诉人一遍,便觉舒畅不少。要笑不笑,心中实在难受,笑出来之后,心中便如释重负,非常快意,这都因为潜力得正当发泄。被压制的欲望经过心理分析,能再出头一次,神经病就无形消灭,也是同样道理。二,欲望勉强被压制,每非主者所甘心,因为他不明白习俗、道德、法律所以定要他这样的缘故。后来他的知识增加,如能回想以前的欲望,或竟发见那个欲望并无可欲望的价值,也未可知。我们成人看儿童希冀琐屑,非常可笑。他们自己且以为天地间没有再比他们希望的再宝贵呢！所以在早年被压制到隐意识里去的欲望，后来若用心理分析法引诱到意识界时，像冰冻见了太阳，自然消灭了。有一个女子患一种神经病，常将手拳紧握。心理分析者把她的被压制的孩童气的欲望唤转来，她的手拳就立刻展开。这就是一个好例。

还有一种神经病是生于猛然受惊的。有人从火车上坠下时，把从前一切都完全忘记了。小儿见了可惊怖的事物，每每成为疯癫。这都因为神经位置受震撼而错乱的缘故。如用心理分析法把他的未受惊时经验一一召回记忆中，把他的零落错乱的记忆重行整理一遍，病症就可以因此复原了。

九　结论

弗洛伊德的学说一方面创造心理分析一个独立科学，使神经病治疗学和变态心理学受莫大贡献；一方面放些光彩到文艺宗教教育伦理上面去。它的价值已无须申说。不过我还有一层要告诉读者，免得人"姝姝自得于一先生之说"。心理分析有两派：一是维也纳派（Vienna school），这派领袖就是弗洛伊德；一是苏黎世派（Zürich school），这派代表是荣格（Jung）。荣格早年与弗洛伊德在一块儿研究，受弗洛伊德的影响很大。后来他便独标一帜。他的学说可以补弗洛伊德之偏。他有两层特点：一，弗洛伊德只承认隐意有原因，荣格说隐意识另有目的（finality），这个目的在调剂意识作用的偏狭。所以隐意识也很有益。二，弗洛伊德以为被压制的欲望都与色欲有关，荣格说欲望是生力（vital energy）自然流动，他的方向不限于色情一面。隐意识中非色情的分子也很不少。这是近来心理分析运动的大略。

附注 陆志伟君在南京高师演讲,译 unconscious 为隐机。汪敬熙君在《最近心理学之趋势》中译 unconscious 为无意识。隐机二字嫌含混,不能尽弗洛伊德的原意。因为本能 instinct 和冲动 impulse 也可以说是隐机。照字面说,原当作无意识。不过弗洛伊德用的 unconscious 与常意略别。走路时两脚更动,是无意识作用,不是隐意识作用。梦呓是隐意识作用,不能说是无意识作用,因为倘若梦中毫没有意识,我们醒时何以能记得呢?我以为译弗洛伊德用的 unconscious 为隐意识,有两层好处:一,"隐"比"无"好,"无"谓不存在,"隐"谓存在而不发现,但可以发现的。二,被压制的欲望在睡眠和神经错误时,隐在符号的背景流露(见第二段)。

(载《东方杂志》第 18 卷第 14 号,1921 年 7 月)

行为派(behaviourism)心理学之概略及其批评

　　一,略史。二,范围与目的。三,行为派心理学与生理学之区别。四,行为派心理学与旧心理学之区别。五,行为派学者对于思想之解说。六,心理学者对于行为主义之批评。七,华生之答复。八,结论。

一　行为派心理学之略史

　　自达尔文《物种源始》、《人类祖先》诸书出,心理学者之态度因之大变。从学理方面而言之,生物之构造及其动作既各有所贡献于生存竞争,则意识之流中一波一折在生理上亦皆必有其特殊功用。

由是机能(function)成为启发一切心理秘奥之钥,而生理的心理学独标一帜矣,从实际方面言之,则研究范围由人类而推至于全动物界;研究方法由自省而趋重实验。人类及其他动物之心理上事实既以实验而陆续呈露矣,则取而类别参较之,以发见心理发生之顺序焉。因人类既与其他动物同源而异进化程度,则动物之心理与吾人之心理亦只于进化程度上稍有差别,而大体固无殊异也。然实验之风虽以研究动物心理而日炽,多数学者对于自省窠臼,固未尝宣告脱离也。今日心理实验器具方法均未臻完善,实验所不及者济以自省,固非无补。惟吾人心绪飘忽不定,立意自省,心境已迁。刻舟求剑,往往失之。故自省结果少精确科学价值。有科学价值而可资为论证者厥为行为。若欲跻动物心理学于人类心理学之列,则舍行为别无可研究者焉。行为派心理学乃动物心理学之产品而自省主义之反响①。

行为派心理学之倡导者,为美国约翰·霍普金斯(Johns Hopkins)大学心理学教授华生(Watson)。华氏于1914年始发表其《行为,类比心理学引端》(Behaviour, an Introduction to Comparative Psychology)。1919年又公布其《行为派观点中之心理学》(Psychology, from the Standpoint of a Behaviourist)。前书陈述人类心理学当步动物心理学之后尘而专研究行为,且攻击自省法之粗疏;后者则假定心理学为行为科学而从行为派观点以解决心理学上重要问题。二书既出,论者哗然。在美国出版之哲学杂志及心理学杂志中讨论行为主义之著作颇数见不鲜。1920年9月牛津哲学会议中巴特列(Bartlett)、斯密斯(Smith)、汤姆逊(Thomson)、鲁滨孙(Robinson)、庇尔(Pear)诸心理学者对于华生之"思想为言语机械之动作"一说及行为主义之根本原理曾有郑重讨论。华生时亦与

① Watson's Behaviour PP. 27-28; Watson's Psychology, Preface.

会,回护其主义甚力①。近来行为派心理学在美国颇占部分势力,其实验成绩颇有可观。总之,行为主义有史尚不过十年,其能否取旧心理学而代之,固属疑问;然实验态度已日强一日,行为主义来日之发展或尚未可量也。

二 行为派心理学之范围与目的

行为派学者虽沿旧俗用"心理"二字以名其所研究之科学,然此种科学与心理毫无关系。华生定心理学界说曰:"心理学者以人类举止动静为对象之一种自然科学,其目的在根据有系统之观察与实验,以求绾束人类动作之原理与定则。"②自行为派观点视之,人类动作皆为环境刺激(stimuli)所生之适应(response)。环境刺激异则适应动作因之而别。然刺激与适应虽千变万化,其变化之轨迹则皆遵原理与定则。人号为有理性之动物,理性云者即动作必遵原理与定则之谓也。知此原理与定则,则可知一感一应,皆非苟然。感者如此,应者不得不如彼。示渴者以梅,可必其垂涎;临懦夫以刃,可必其惊怖;此常例也。故华生曰:"心理学既达其确定原理与定则之目标矣,则在一定环境之下,心理学可预测某种动作当发生;反之,某种动作既发生,心理学可推知其发生时所感之刺激为何。"③心理学具此能力,故其应用甚广。吾人无论操何职业,必能预测人之行动,而后能筹应付之方,使临时不致仓皇失措。商人教师与政治家其著例也。教条国法之规定,尤必借助于心理学;盖环境如何改变而后

① "Is thinking merely the action of language Mechanisms?" a symposium presented at the Congress of Philosophy in Oxford,1920;by Bartlett,Smith,Thomson,Pear,Robinson and Watson. (British Journal of Psychology. V01. XI Part I.)

② Watson's Psychology,Chap. 1.

③ Watson's Psychology,Chap. 1.

社会与个人各得其所而无过行，设环境不可变，个人性质如何变化而后可适合环境，此种问题皆待决于心理学也。

三　行为派心理学与生理学之差别

行为派心理学既以研究环境适应为任务矣，生理学研究生物体之机能，精密言之，固亦环境适应之科学也。二者何可分别乎？此问题在行为派心理学中极重要，因此问题不解决，则行为派心理学不能成为独立科学也。非行为派心理学者往往讥行为派心理学非心理学，不过生理学之附庸耳。行为派学者则曰，生理学所研究之环境适应，乃各器官部分单独对于环境之适应也。心理学所研究之环境适应，乃吾人全身一致对于环境之适应也。易言之，设吾侪研究某器官当某种环境发生某种动作，如口涎之分泌，肠胃之蠕动，吾侪所处者生理学之范围也；设吾侪研究某人当某境遇发生某种动作，如张某之怯懦，李某之夸张，吾侪所处者心理学范围也。哈佛大学心理学教授麦独孤（McDougall）在其《行为科学》中亦以全体部分区别心理学生理学之范围，与行为派者殆不谋而合，但麦氏虽主张以心理学为行为科学，其解释行为为有目的之动作，及杂用自省法，皆与行为主义者背驰也[1]。

四　行为派心理学与旧心理学之区别

心理学之定义由灵魂之科学，一进而为心之科学，再进而为意识之科学。名称虽变，考其实在，则"生物有一种作用似与静物之机械作用有别"之根本观念犹未去也。生物有此种作用，故环境剌

---

[1]　McDougall's Psychology, The Science of Behavious, Chap. 1.

激之来能生知觉与感情；有知觉感情故有意志；有意志故有目的之行为。知情意三者心理之基本作用也。知斯三者而心理学之能事尽矣。此旧心理学之说也。行为派学者出则举此而根本推翻之。其言曰，器官受刺激而发生适应动作，全为生理化学作用之结果。所谓心也，意识也，知觉也，意志也，在理论上与灵魂同为无确定意义之死名词；在实际上又不可以科学方法研究之。心理学非决然排此于其范围之外，则恐将来永无进步，且不配在自然科学中占一位置焉。此行为派心理学中所以无知觉印象意志种种抽象名词也。感情影响行为颇大，然自行为派学者视之，亦不过一种筋肉与腺液之遗传的反应法，与意识无与也①。总之，行为派心理学与旧心理学之根本区别在范围，前者以环境适应为其对象，后者则知情意之科学也。

范围既异，故其所求解答之问题因之不同。"吾人适应环境时，心理之变化何如乎？生理之变化何如乎？二者有何关系乎？"此旧心理学之主要问题也。行为派学者则曰："吾人适应环境时，环境刺激之性质何如乎？筋肉腺液因之起何变化乎？何种生理化学变化常伴随何种刺激乎？"

问题既异则其解决之方法不能无别。华生曰："凡能开任何科学之门户者，皆能为启发心理门户之钥也。"②其意盖以为人与机械无异，故其行动皆不难以机械律（mechanical laws）释之。物理学者之发明机械律也，惟持观察与实验。其资为论证之事实必为人人一致赞同，毫无异议者。故其结果精确而普遍。心理学不欲与他自然科学平等则已，如欲与他自然科学平等，对其结论必精确而普遍。自省所得结果大率言人人殊，而同一人之自省今又与昨异。

---

① Watson's Psychology, Chap, VI.
② Watson's Psychology, Preface.

其不足与于科学方法之列可知。此行为派学者所以纯恃旁察与实验也。旧心理学者则谓自省法必不可放弃。其由有二：一，吾人动作不惟有原因，亦且有目的。机械律可以证原因，不必能释目的。自省法能否发见目的之解说，固亦疑问；然吾人尚不能必其不能为此，则不可不尝试之。二，科学搜集事实愈丰富，则其结论愈稳确。自省亦观察法之一，未尝不能供给可研究之材料也。

五　行为派学者对于思想之解说

据普通见解，吾人思想以大脑；大脑者最高神经中枢，思想者最复杂之意识作用也。行为派能脱离意识，亦能脱离思想乎？自吾人视之，此似为行为派之难题；然自行为派学者视之，则思想不过为言语机械之动作，与打球泅水诸事同为筋肉运动，不必设意识以释之也。言语机械之重要部分为喉舌唇齿。但以广义言之，则言语包含全身活动，如容貌姿势之变化皆于言语有影响者也。吾人思想亦借全身活动，而以喉舌唇齿及其附近筋肉之活动为尤要。脑在思想时之活动与在打球泅水时之活动无异。思想之不全为大脑作用，犹打球泅水之不全为大脑作用也。思想大部分为言语机械之活动，犹打球泅水大部分为手足活动也。打球者右手残缺，可以左手代替之。言语机械如失其作用，则身体上他部筋肉亦可代之以司思想。如盲哑者借触觉器官以思想，是也。但其思想不能如言语机械健全者之丰富矣。

言语可分为三种：一，朗语，二，低语，三，默语。朗语生于声带之激烈振动，其声易闻于旁人。低语时声带振动舒而缓，故其声微细不能闻。旁人惟能见言者唇颚之动而已。默语时既无声可闻，唇颚又无所表示，惟眉际略起绉纹而喉舌微颤动而已。通常所谓思想者实即默语也。然思想不限于默语，儿童常独言独语，喃喃不休,此实"大声思想"(thinking aloud)也。成人中当思想之际自言自语者亦属常事。如默解算题必低诵算式,处两难地位常频念"如此乎? 如彼乎?"作诗时须微吟乃得新句,皆可为善例也。朗语在稠人中虽为必要,在思想时则只为耳鼓增噪杂之刺激。故多数人思想不为朗语而为默语也。人当沉思时常声息俱寂如死灰槁木。移时则卒然起立曰:"吾必为此。"自旁人观之,以为彼方用脑,心劳而体则逸。实则彼之全身筋肉活动且过常时,而喉舌尤甚。如眉际生绉,眼球上转,搔首,敲齿,其显而易见者也。若得极精密之器具,则喉舌之运动亦可测验之。凡此种种动作即思想也。测验喉舌运动之方法与器具现尚未臻完善;将来如臻完善,则研究思想当与研究打球泅水时之手足运动同为易事也[1]。

六　心理学者对于行为主义之批评

行为主义之概略已可见一斑,次集诸家之评语于下:

(一)机械之动作全恃外力驱遣。动既不自觉其动,外力之性质其所可知。人则异是,外而环境刺激,内而己体变动,吾人皆自能知觉之。其动作又不尽为环境所左右。譬如探险南极,究心哲理,吾非迫于外力,不得已而为是,盖必为是而后吾之欲望始满足,而意境始安宁焉。此种欲望若仅以身体受刺激之说释之,未免近于附会矣。心理作用之存在,其证人人皆得而见之。行为派学者未尝示人以无心理作用之理由,不过以为心理作用飘忽无定,不能深持为论证耳。知心理作用存在而谓之不当研究,则以实际言,是忽略论证,与科学方法相违背;以理论言,是假设心理作用无所为而存在,茕然独立,与生理进化毫无关系也。心理作用本可捉摸,

---

[1]　Watson's Chap. IX. ·

行为派学者使之神秘不可思议矣。（此鲁滨孙说）

（二）行为派学者所用之方法中有口报法（vobal report），试验者设问题使被验者口头答复。如以笔头触皮肤时问其为寒为热，既得答案，即恃为论证①。由是观之，行为派学者未尝不使用自省法，不过使他人自省而报告其所感觉，而自己则不敢自信其所感觉耳。此行为派学者之自相矛盾也。

（三）心理学之重要问题为心理现象及其进程所遵之原则如何。行为派学者未能解决此问题，不过取另一问题以代之耳。求知为人之天性，心理学原有之问题一日不解决，则吾人一日不得心之所安，而自省法一日不可放弃也。（此鲁滨孙之说）

（四）行为派学者以部分与全体区分生理学与心理学之范围，亦甚牵强。人身全体与某部分皆相融会贯通，牵此则动彼。全体无部分固不能成立；部分无全体亦不能单独行动。行为派学者既侵入生理学之境，又从而为之辞，已不能使人心折。而其研究筋腺动作与生理学者之研究筋腺动作无稍差异，又自破其全体部分之例。依行为派学者，则心理学失其独立科学之资格矣。（此教授卡尔之说）②

（五）行为派学者之解说思想，尤不圆满。一，行为派学者既不屑用自省法，器具又未能测验身体内部各器官之动作，是不能直接观察思想之进行矣。何以又知有思想之存在？（此蒂庆纳 Titchener 之说）二，言语为思想之表现（expression），非即为思想之本体。譬如投石于井，必生泡沫。石是一事，泡沫另是一事，不得混同也。（此庇尔之说）三，言语机械之动作为习惯动作，而思想则有创造发明能力，故其所得结果非言语机械所曾经验者。谓爱因斯坦相对

---

① Watson's,chaP. II.

② Carr's Behaviourism(Nature. June. 24. 1920.)

律为其喉舌蠕动之结果，宁不骇人听闻？（此汤姆逊之说）四，言语机械之动作苟与思想无异，何以吾人尝有所思惟而不能表之于言语？总之思想决非仅为言语之动作也。（此庇尔说）

七　华生之答复

华生以为论者之误往往在不明行为派所处之地位，故其"论行为主义，不根据行为主义之前题，而根据构造心理学（即旧心理学）之前题"。行为派学者自封于自然科学地位，与物理学者生物学者相伯仲。"在物理学与生物学中，研究者能为观察之一事实不成问题。"例如生物学者测血液循环之速度时，其全副精神皆注于心脏与脉搏，至于彼自身之为测验者则不暇顾及。若旁观者卒然问之曰："君知当测验时有一测验之人在乎？"彼必不解所谓；不然，则必怒问者以不相干之问题扰其清兴也。行为派心理学者亦然，当其研究人物适应环境时，其目的专在"刺激如何？动作如何？"不复反躬自问曰："研究此问题者非即我自身乎？我何以能为此乎？"吾人对于自身之动作固未尝不可观察其大概，然行为派学者以为自察不如旁察之精确，不深信之；犹医者虽可设法自察其病症，但为慎重起见，常就诊于其僚友也。自省派学者以研究时之研究者为心理学之首要问题，又欲借自觉（self knowledge）之能力为解决哲学问题之工具。行为派学者则以生人无此能力，而心理学与哲学问题尤不相为谋。评者之根本论点皆在心理现象之存在，行为派学者不当忽略之。不知行为派学者以心理为纯粹自然科学，而自然科学者纯取客观态度也。"行为派学者之忽略心理现象，犹化学之忽略炼丹术，天文学之忽略占星术，旧心理学之忽略心灵感通说，非轻于放弃论证也，其所研究之科学日益深广，此种旧观念终当消灭耳。"

口报法固似自省法之变形，然行为派学者承认此种方法无科学价值,不过为目前计姑且用之耳。实验器具及方法如臻完善,则口报法将归于无用矣。

生物之全体与部分实际上虽不可分离,而为便利研究起见,则不妨采分业之制。科学之要素在其范围目的与方法,不在其所沿用之名称。故华生曰:"人多称行为派心理学为生理学,为抽筋心理学(muscle-twitch psychology,因其大部分研究筋肉运动),为生物学,但若能破旧心理学之桎梏,以实事求是之态度研究人物之真象,则名称固无关宏旨也。"

据来希列(Lashley)实验所得结果,思想时言语机械之动作与言语时无异。其法以一句陈语使被验者先大声诵之,次低声诵之,次默思之。每次皆以精密器具记舌之运动轨迹于熏烟之鼓上。三次烟鼓上所留痕迹之纹理皆相似,不过粗细大小略有不同而已。由此观之,思想为言语机械之动作,固非无据也。

八 结论

行为主义可分两方面言之。一,积极方面,心理学当以实验与观察,研究人物对于环境之适应,以求发见绾束行为之原则与定理。二,消极方面,心理学当放弃无科学价值自省法,及科学方法所不可解决之问题;如心理意识印象志愿种种名词皆不可混入心理学。学者对于行为主义之积极方面率无异词,众矢之的皆集于其消极方面。平心论之,行为主义屏一切心理现象于心理学范围外,又以自省法毫无科学价值,似未免矫枉过直,意识之存在为不可讳之事实;而现在实验器具与方法尚未臻万能地步,则自省法亦不当完全放弃之。华生曰:"在心意学中吾人常感困难者,以现尚无法可测验他人内部器官也。因此,故吾人尚不得不偶尔恃他人报告其所感如何,然吾人现已逐渐脱离此种不精确之方法矣。……设有器具可用，则吾人当一概谢绝自省法也。"由此观之，行为派学者固未尝不知在实验器具与方法未臻完善以前，自省法尚非丝毫无用也。一种学说之能生存与否，视其自身有无积极的价值，不视其有无压倒他种学说之消极的作用。自省主义之存在与否，固不能影响行为主义也。行为主义自身之积极的价值何如乎？以范围言之，成人之性格固必于行为观之；儿童与动物更不可不于行为研究之也。以方法言之，行为主义重实验，不凭空设假说，有真正科学精神也。以实用言之，行为之原则与定理关系人生甚密切也。由是观之，行为学本可自成一个独立科学，不惟可破旧心理学之藩篱，即对于"心理学"之名号亦宜宣告脱离；盖名不正则言不顺，不以心理作用为其对象而沿旧俗称心理学，易生误会也。

  附注 篇中引用原文者率加引用符号；其加注而无引符号者，大半根据原文而推阐其意，为其较易使看者明了也。结论为述者己见，谬误之责，述者自负之。

述者识

（载《改造》第 4 卷第 3 期，1921 年 11 月）

麦独孤与华生能否同列行为派

　　前几个月在《教育杂志》上看见友人李石岑先生讨论心理学派别把麦独孤和华生都列在行为派，心中非常怀疑，因为功课很忙，所以没写信和石岑先生讨论。昨日接读《时事新报》，又在《学灯》上看见吴颂皋先生也有同样的论调。二先生或有所本，我不敢说他们的话一定不妥。不过据我个人的意见，麦独孤和华生恰好走两条相反的极端。想在心理学家中找出两个人比他们俩悬殊更远，恐怕不可能了。兹抽暇略陈鄙见，就正于李吴二先生及读者。

　　华生的主张可以分积极消极两层说。就消极方面说，他主张心理学要向哲学宣告完全独立，把心、意识、感觉、想象一些话头都一笔勾消。就积极方面说，他主张心理学要和别的科学一样，把生物行为都可以用机械的因果律解释。至于研究方法要专用观察实验。自省法没有科学的价目，所以完全不足恃。所以华生的心理学界说是：心理学是以人类举止动静为对象的一种自然科学。他的目标是根据有系统的观察和实验以求拘束人类动作的原理和定律。（见华生的《行为派观点中之心理学》第1页）这派心理学者以为通常人所谓心理状况都可以用机械的因果律解释。就是思想也仅是言语机械的动作。无言语姿式动作便无思想。观察和实验两个方法，别派心理学者也非常注重，不能说是行为派的特产。行为派对于心理学的贡献，全是一种消极的——就是不承认心理学范围中有心和意识可存在。如果拿哲学来说行为派的身分呢，我们可以说：行为派心理学建筑在机械观的唯物观的一原哲学上。

至于麦独孤的学说，和这种态度就相反了。他不但极力主张意识是心理学的自家田地，自省是研究心理的重要方法；他并且还主张灵魂存在。他的第一本重要著作要算是《社会心理学导言》。在这本书里面，他脱开联想派心理学的窠臼，拿本能不拿感觉做心理基础。他先讨论本能如何发展为情操又如何发展成人格，次第先后，有条不紊。就这点说，麦独孤视其余英国心理学者比较的似乎近于行为主义的精神。但是他主张本能不是盲目，也含有感觉作用。情操人格的发展受自我意识的影响更大。所以他到底不能同华生站在一块。他的第二本重要著作是《身心论》。在这本书里他用极流利的口吻证明联想派心理学之机械观的平行论没有充足的理由，反复说明灵魂论和进化论，物质不灭诸科学定律可以并行不悖，以后要举出十几种证据证明科学的心理学应该假设灵魂存在。对于这本书我迟几天或可以做篇概括的介绍。现在只说一点表示他的态度。他以为生物的行为，一方面固然受因果律支配，一方面又有目的的究竟。例如皮球遇着阻力，就停顿不再滚。但是蚂蚁归洞，如果中途遇见障碍物，他的反应可就不同，他一定还努力免除障碍，等到达到目的才歇。刺激同何以反应异？据麦独孤的意见,皮球只照牛顿定律而行止,蚂蚁的行动除着服从牛顿定律以外,还有他求生存的目的。这种目的自身一定还要一种东西主宰,才可思忆。还有一层,如果联想派心理学可靠,照理每个心理变化都应该有一种生理的基础。但是在实际上,重要的心理作用像意志概念种种没有生理的基础可言。还有一层是最可注意的。组成意识各原素无论如何复杂,而意识总体则为纯一完整的。例如看花闻香,颜色从眼入,香气从鼻入,而意识中的经验则为一个总体。照理说,心理方面既有一种综合作用,生理方面也应该有一个发生综合作用的基础。然而生理学者积几十年精力,也没有在脑筋里找出一个共感点(sensorium commune)。所以要解释意识的统一(the unity of consciousness),一定要假设一种主宰综合作用的东西。麦独孤的思想大部分受德国的洛慈(Lotze)和法国的柏格森两个人影响很大,虽然他的主张和他们俩不十分同。我们如果拿哲学来定麦独孤的身分呢,他的心理学是根据究竟观的二原哲学。

从上面的比较看起来,麦独孤不能列在行为派,可想而知。把他放在华生一派似乎比老子韩非同传,更加不伦不类了。我揣想李吴二先生不谋而合的把麦华二人都列在行为派,或者因为这个原因:华生是大家公认的行为派的健将。麦独孤也曾经著一本书叫做《心理学……行为的研究》。他也主张心理学定义应该是研究行为的科学。所以他和华生大概是一派。但是华生的"行为"和麦独孤的"行为"完全是两件东西,风马牛不相及。华生的"行为"是受环境刺激而生的适应。这种适应全然受机械力支配。所以他说,"心理学既然达到确定原理和定律的目标了,于是在一定环境之下,心理学可以预测某种动作当发生;反之,某种动作发生心理学可以推出发生前的刺激是什么"(见《行为派观点中之心理学》第10页)。麦独孤的"行为"是"目的之表现"(manifestation of purpose),是"自决的能力"(the power of self-determination),是"成就一种目的的营求"（the striving to achieve an end）（见《心理学……行为的研究》第 20 页）。这种自决的目的表现就是杜里舒所谓生机，不能拿机械律预测的。

麦独孤不赞成华生，还有一个证据。他前年替格林恩的《课室中的心理分析》做了一篇序，中间有一句说，"格君此书可以矫正过甚的行为主义之失，现在行为主义在此邦（指美国）甚风行，而有阻碍心理学发展之患"。现在人家居然把他也放在所谓阻碍心理学发展的行为派里面，他听见了不要叫冤枉么？

此外吴先生把巴米利（Parmelee）也列在行为派，我也十分怀疑。从他的《行为的科学》看起来，他不过是一个生理的心理学者，心和意识在他的书中也还占很重要的位置。不过他对于心理学贡献很小，所以姑置之不论。

在这五六个月中间，我在杂志上看见关于心理学派别的文字已三四起，明白派别才能明白各家的出发点不同，才能把他们的价值比较出来。这种研究当然也十分重要。不过严格说起来，把一科学问分成若干派，把某人摆在这派，把某人摆在那派，究竟不免有些勉强。第一，如果某学者对于一科学问有真正的贡献，他的长处一定在他的独创处。就其精华言，不能把他摆进"派"里去，只能说他自成一派。翁德，斯多德，闵斯特堡都是构造派学者，然而他们的优点都不在解析构造。第二，无论何科学问，内容方法都不能划成鸿沟，使界限井然。你说詹姆斯是机能派代表么，他的《心理学原理》却又完全拿知觉做基础，比任何构造派学者都彻底些。你说闵斯特堡是构造派学者么？然而他的学说集中于行动论（action theory），这个行动论又完全根据机能解释何以某行动发生某行动被阻止。所以分派别是一件极难的事情。不知李吴二先生及读者以为何如。

（载《时事新报》，1923 年 2 月 9 日）

完形派心理学之概略及其批评

一 题外话

　　从前美国某心理学者曾有一句预言，说二十世纪将为心理学世纪。现在二十世纪才度过四分之一，心理学上已发生许多重大变动，而研究心理学的风气也日盛一日，乐观者自然赞扬心理学世纪名不虚传了。可是喜欢怀疑的人倘若把流行的各家心理学说和物理的事实摆在一块参观互较，总不免暗地发笑，觉得心理学者还只是在那儿玩把戏。第一，好比赛跑，大家虽然跑的很起劲，而"向哪里跑"一个问题还没有解决。行为派把整个的"心"剗去，向着正统派心理学者招手喊道："你们赶快回头跟我走，心那条路是走不通的!"正统派心理学者很轻视地回答道:"你这个生理学的私生子! 你尽管跑你的,可是莫要背着我们心理学者的旗帜!"第二,身心关系虽是哲学问题,而为心理学出发点所在,一日不解决(假若解决是可能),则一日心理学不得不徬徨于歧路。现在心理学者关于知觉情绪诸问题总是一个眼睛关注心理,一个眼睛关注生理,双管齐下,无论所主张的是平行说还是交感说。而遇着难题如意志目的意义思考等等,心理学者又往往说,"在这些地方,物理学的机械律不适用,心理自有心理的原则与定律"。例如弗洛伊德派心理分析学者所说的隐意识作用虽是娓娓动听,而仔细衡量起来,总不免带有小说家的奇思幻想。隐意识的生理基础是怎样? 心既不占空间,隐意识隐在何处? 何以能闯进意阈而影响行为? 心理学者解释心理作用大半用以盘喻日的方法。倘若不准他们用比喻,不准他们说什么"意阈"、"在心之内"、"意识之流"、"联想之线索"一类的话,恐怕许多心理学者就不能那样利口善辩了。

总之,心理学上许多学说互相冲突矛盾。在这个时候,说对于心理有科学知识(严密地说)的人,非不自知其所云,就有几分欺心。我自己学心理学所得的唯一结果只是:愈学愈莫名其妙,愈穷究愈觉心理学的立脚点之不稳固! 每日费去大好时光,看满纸空谈的著作,做很琐细的实验,说从此中可以抽出科学的原理,我总有些怀疑。而且读各家辩论的文章,同是一个实验,你这样解释,他那样解释;同是一个原理,你说是天经地义,他说是根本错误。公说公有理,婆说婆有理,我总不免徬徨疑虑。

正徬徨疑虑间,而德国完形派(Gestalt)心理学又传到耳鼓里来。把这派心理学著作打开读过,它虽激起很大的热诚,而同时也泼了不少的冷水。我这样对自己说:"照这样看来,我自以为懂得的一部分心理学不又要倒塌吗?"

二　心理的原子观之反动

所谓完形派心理学到底是什么一回事呢？先提纲说两条：（一）在消极的方面说，完形派心理学是反对构造派与行为派所持的原子观（atomistic view）与机械观（mechanistic view），排斥分析法，而否认意识为单纯感觉（sensations）所组成，行为为反射动作（reflexes）所组成。（二）在积极的方面说，完形派是根于机能主义而充类至尽，以知觉（perception）为完形，为整体（gestalt, configuration），为不可分析；而研究心理，应以机能所应付的全境为对象。

这两条已经说尽完形派心理学的精髓。可是如此笼统，未免埋没了它的新奇。现在再把这两条意蕴发挥出来。

研究心理学的人大概和"感觉"、"注意"、"联想"等等名词都很熟，而且知道它们是流行心理学的台柱。原来这些名词都有很悠远的历史。它们是如何发生的呢？从来心理学者都很欢喜以"物"喻"心"，而且时常借光于物理学，把物理学方法和原理应用到心理学上来。物理学很注重分析法（analysis）。一切物体都被分析成为原子（atoms），所谓物理，就是分子离合迎拒的理。心理学者看见这种方法很省事，所以依样画葫芦，把意识分成零碎的感觉（sensations）。感觉生于刺激（stimulus）；一点刺激发生一点感觉，所以刺激与感觉有"一比一的关系"（one-to-one relation）。比方说我看见这张白纸，是由于无数条的光线刺激网膜上无数细胞，发生无数单纯的感觉，总其全体，乃为对此白纸之视觉（visual perception）。每个感觉在脑里都留有痕迹叫做印象（image）或观念（idea）。观念与感觉就是心的原子。一切意识作用都由联想（association）把观念堆砌成的。但是刺激与感觉既然有"一比一的关系"，何以有时刺激同而感觉不同呢？心理学者大半说这是由于注意（attention）周到不周到。从洛克到现在，这种学说在心理学上占有极大威权。它戴有种种徽号，如"原子派（atomistic）心理学"，"感觉派（sensationitic）心理学"，"构造派（structural）心理学"，"分析（analytic）心理学"，"机械的（mechanistic）心理学"，"镶嵌式（mosaic）的心理学"，简直是更仆难数！

这种原子观在机能派心理学中也很重要。詹姆斯的《心理学原理》一方面想脱除这种原子观，而一方面却处处露原子观的"马脚"，这是很显然的。至于行为派，就这一点说，也是一丘之貉。他们不过把反射动作代替感觉罢了。其实他们的立脚点比构造派还更近于机械的。

现在完形派心理学就是要推翻这种机械的原子观。这派心理学发源于德国，创造的人是韦特墨（Wertheimer），考夫卡（Koffka）与库洛（Köhler）。韦特墨在 1912 年发表一篇论文讨论貌似运动（aparent movement）就提出完形说（Gestalt theorie）。美国华生（Watson）的"行为主义"也是那一年发表的。"行为主义"初出现就惹学者注意，而完形说则直到这两三年在英美才风行。听说今年九月里国际心理学会在荷兰格罗宁根（Groningen）举行常会，完形派心理学就是一个讨论的题目。德文 Gestalt 一字相当于英文 Configuraticn，含有"完形"、"整体"、"全境"的意义。完形派心理学者最初所研究的问题为运动知觉（perception of movement），以后逐渐推广到其他心理学问题。现在他们并且说完形说在生物学物理学哲学方面都能应用。这派著作很多。1926 年 3 月号美国《心理学杂志》(The American Journal of Psychology, Vol. XXXVII, No. 2)里面有赫尔生（H. Helson）列举的一个完形派心理学书籍目录。英译的著作重要的只有库洛的《类人猿的智力》(Köhler: The Mentality of Apes)和考夫卡的《心之生展》(Koffka: The Growth of Mind)两部书。此外考夫卡在 1922 年 10 月号美国《心理学公报》(Psychological Bulletin)发表的《知觉论》、《完形心理说导言》和 1924 年在英国《心理学杂志》(British Journal of Psychology)发表的《内省与心理方法》，和 1925 年 1926 年美国《心理学杂志》所登的赫尔生的《完形派心理学》(The Psychology of Gestalt)，也都很重要。现在先述他们的理论，次述他们所根据的实验。

三 分析法何以致误

上面说过，完形派心理学最反对分析法，他们的理由是怎样呢？他们说，原子派学者坚信分析法，因为误认部分之和等于全体。譬如平方形虽可分析为四直线，而平方形决非四直线之和。全体自有特别属性。破全体为部分，则全体之特有属性因而消灭，以后再部分相加，所以不能还原到原来全体。严密地说，

全体＝部分之和＋全体特有属性

原子派心理学者忘却了全体特有属性，把部分之和当作全体，所以陷于误谬，他们所称单纯感觉(sensation)自身原无意义，而单纯感觉复合所成之知觉(perception)则有意义，此意义何自而来，原子派心理学者绝未顾及。行为派所犯的毛病也是一样。他们把有意义的行为看作由无意义的部分动作(part-activities)所复合而成的，也没有说到反射如何复合而复合后意义又如何发生。总而言之，在心理方面，部分之和既不能等于全体，则分析法绝对不能应用。譬如把人身斩成细块以后，再把这些细块凑合成原形，以为还是原来的人，不是荒谬之极么？我们听合奏的音乐，所得的声调自是一种不可分析的整体。假若把这个声调分成箫音琴音鼓音琵琶音，对未曾听过这几种合奏的声调的人说，"箫音如此，琴音如此，鼓音如此，琵琶音如此，你把它们加起来，就得出合奏声调了"，谁也笑你是傻子。然而这恰是原子派心理学者的家法。这种谬误经考夫

卡诸人指点出来以后,原极平淡无奇。但是我们试略一反想:历来各心理学派哪一派没有犯这个谬误呢?

四 感觉说的破绽

原子派心理学者把意识破成感觉,把境遇破成刺激,以为刺激与感觉有"一比一的关系"。但是我们只稍加思考,便发见这种机械观的破绽。原子派心理学者研究感觉所得的最重要的结果莫如韦白律(Webers Law),而韦白律就不能用原子观去解说。比方 A 为 40 斤重,B 为 35 斤重,C 为 30 斤重,而三种刺激所生的感觉为 a,b,c。照韦白律说,a 与 b 常相等,b 与 c 也常相等,而 a 与 c 则有轻重之别。刺激与感觉何以不相称呢? 分子派心理学者爱宾浩(Ebbinghaus)和蒂庆纳(Titchener)以为与 a 感觉相当的神经兴奋带有若干惰性,只将 A 刺激稍微加强而成 B,不能胜此惰性,使 a 感觉与 b 感觉显然有别,但是把 A 刺激再加强而成 C,则惰性消灭,而感觉方面,a 与 c 乃有不同。考夫卡说这种解说似是而实非。比方 A 刺激与 B 刺激相差极微,A 为 40 斤重,B 为 41 斤重,如果使许多人提起比较,感觉方面 a 与 b 不尽相等。有些人觉得 a 等于 b,有些人觉得 a 大于 b,有些人觉得 a 小于 b,也有些人不能决定谁大谁小。爱宾浩与蒂庆纳的侵轧说(friction theory)能解说 a 小于 b,而不能解说 a 大于 b。

爱宾浩与蒂庆纳一般原子派心理学者的谬误在由完全境遇中单拈出某刺激,由整个意识中单拈出某感觉,而不知吾人适应环境是以全副的心对付全副的境遇。这个道理可以用瓦希本(Washburn)的实验来证明。瓦希本用两脚规刺激被试验者的手腕。连刺激两次,叫被试验者闭目比两次所感觉的规脚距离。这规脚距离在两次都是 15 厘米。她把被试验者分成甲乙两组。对甲组预先说，"这两规脚距离第一次不比第二次大，就比第二次小"，对乙组预先说，"第一次规脚距离比第二次规脚距离或大或小或相等"。实验的结果，乙组人比甲组人说距离相等的多些。这完全因为甲组人的全副心境与乙组人的全副心境不同。从此一点看，可见得由全副心理中单拎出感觉来说，是说不通的。所以韦白律在完形派心理学中不成问题，而在原子派心理学中就是一个难点。

从完全境遇中单拎出某刺激来研究，也是像希腊戏剧中所说的卖屋者，拿一块砖到市场去做广告样本。我们只要举一个很简单的例，便见得完全境遇是不能分析的。比方下面的八条直线：

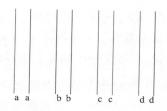

a 与 a、b 与 b、c 与 c 和 d 与 d 的距离，比 a 与 b、b 与 c 和 c 与 d 的距离小。如果一个刺激相当于一个感觉，我们照理只应该看出八条成双的直线，a 与 a 和 a 与 b 仅有宽狭不同。但是实际上，我们看出 aa、bb、cc、dd 是一种八条成双直线的图形（figure），而 ab、bc、cd 和其余的白纸一样，成了背景（ground）。我们并且觉得 aa、bb、cc、dd 距离我们较近些。如果把全境破成刺激说，a 与 a 中间的白纸，和 a 与 b 中间的白纸都是一样，何以一个看成图形，一个看成背景呢？照完形派心理学说，我们所知觉的是完全境遇而非零碎分立的刺激。在完全境遇中这一部分与那一部分都息息相关，倘若分析成为若干刺激，则完全境遇的特性便消灭无余。所以完形派心理学丢开分析法，丢开感觉刺激的说法，而主张从彻底的机能观点,研究全副的心如何应付全副的境遇。

五 生理的基础与联想律之改造

原子派心理学者既把境遇破成刺激,把意识破成感觉,把行为破成反射动作;因为要表明身心关系,所以又把神经系统破成区域,破成细胞,这一个刺激刺到这个神经区域,发生这个感觉,留下这个观念,那一个刺激刺到那个神经区域,又发生那个感觉,留下那个观念。观念与观念所以能联络成为记忆想象思考者,因为这个神经细胞和那个神经细胞有纤维相通,这个区域和那个区域有联络神经相通。要知道这个联想律的神通广大,可以说一个实例,比方有一个人是读破万卷的学者而同时又是走遍全球的游历家,照联想派心理学者说,那万卷书中的每个字,每个字的每画,每画中的每点,和他所见的每个山,每个水,每个游鱼,每个飞鸟,他所听见的每个人声,鸡犬声,风声,水声,音乐声,以及他生活中一片一段,都一点一点地零落错乱印在他那拳头大的脑子里。换句话说,他那拳头大的脑子里含有无数亿万的细胞,藏着全世界全生活磨碎的微尘之心影。而这无数的细胞中间又有无数联络的路径。莎士比亚的戏剧,罗马的建筑,吕班陈列的名画,以及轮船火车潜水艇,一切的一切都是由于脑子里无数微尘在无数神经径上纵横来往所产生的。

联想之为用大矣哉!可是完形派心理学对于这种联想律就表示不信任。本来稍一寻思,问题就会来了。A 刺激与 B 刺激同时发生 a 感觉与 b 感觉,在最初一次 a 与 b 何以就联络起来?依联想派说,脑里路径不知其数,假使在复杂境遇,许多神经细胞同时起作用,神经流之纵横来往何以不交截互阻,何以不走错路?"杀"字是一个观念,"狗"字是一个观念,相联起来成了"杀狗"，于"杀"的意义"狗"的意义以上，实又发生了一个新意义，这个新意义如何发生？凡此等等问不胜问。完形派心理学者以为要解决这些困难，应该丢开机械的原子观。知觉的生理基础不是这个细胞或那个细胞，是这个神经区域或那个神经区域的整体，比方看一个圆，并不是圆上某点刺激网膜上某点，是全个的圆刺激全部视神经。所以有一种病人，网膜上有一部分是伤损不能作用的，而看圆依然没有缺陷。至于联想，也并不是观念与观念的联络，而为完形之复现。复现的完形是被某一部分所唤起的。考夫卡把旧有的联想律改成这样："如果 A, B, C 等曾经在一次或数次为某一完形之成分而呈现于经验；A, B, C 等其中之一带着完形成分的资格再呈现时，则完形全体有复现（详略明暗或有出入）的倾向。"（英译：If A. B. C. … once, or several times, have been present in experience as members of a configuration, and if one of them appears bearing its membership character, then the tendency is present for the whole structure to be completed, more or less fully and vividly.）

以上仅述完形派理论之大略。关于空间知觉、运动知觉、思考种种问题，这派学者也有特别主张，因较涉专门知识，姑且丢开。

六　实验的证据

完形派心理学所根据的实验很多，现在择两种可以代表的略加说明。

（甲）最初提出完形说的是韦特墨（Wertheimer），他所以提出完形说就因他的实验结果不能用原子观解释。他所研究的多关于运动错觉，他的实验方法是这样：用一条斜线 a，和一条水平线 b，由达齐斯脱镜（Tachistoscope）先后放射到白幕上。所得的结果如下：

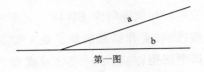

第一图

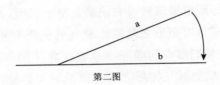

第二图

（一）如果放射 a 线和放射 b 线的时间距离为二百个千分之一秒（2000σ），则先见 a 线而后见 b 线。a、b 两线是分离的，不动的。

（二）如果放射 a 线和放射 b 线的时间距离极短，如在三十个千分之一秒（30σ）左右，则同时见 a、b 两线成为钝角，而不见运动。如第一图。

（三）如果放射 a 线和放射 b 线的时间距离在（一）与（二）两种之间，如在六十个千分之一秒（60σ）左右，我们就可以看见 a 线向 b 线流动，顺第二图之矢的方向。

我们应该问：何以我们觉得 a 线向 b 线流动？原子派心理学者把这种经验叫做错觉（illusion），他们解释这种错觉发生有两种学说：（一）流动的错觉是眼球运动的结果。静的余象（after-image）变成动的形体，好像活动影片一样。（二）流动错觉是推理的结果。我们看见 a、b 两线成一图形，时间匆促中没有看出这图形两部分是先后放射出来的，而这两部分又却非同时放射出来的，所以推到由 a 至 b 的流动。韦特墨以为这两说都不能成立。（一）流动错觉非由于眼球运动，有三种理由：1、放射 a 线与放射 b 线的时间距离为六十个千分之一秒（60σ）时，才发生流动错觉；而眼球每运动所需的最短时间为一百三十个千分之一秒（130σ）。2、注意凝视使眼球不动时，错觉仍然发生。3、如果依法放射几条线，则同时可以看出几条线流动，而眼球决不能同时为几种运动。（二）流动错觉非推理的结果，因为内省不能发见推理，而且 a、b 两线又有时都流动。

原子观既不能解释这种错觉，完形观能解释么？完形派学者根本不承认视觉是由于一个刺激针对一个神经细胞，于是发生一个感觉；所以在他们看，不动的两条线如何会看成动的一条线就根本不能成为问题。他们以为视觉是由于全体境遇针对全体视神经细胞，而发生完形的视觉。问静的线何以看成动的线就不啻问在某种情况之下视觉何以可能。这个问题就是心理学上寻常的问题了。

（乙）库洛对于类人猿的实验更足注意。他的《类人猿的智力》一书在这几年出现的心理学著作中要算一部杰作。他从 1913 年到 1917 年都在普鲁士科学院的类人猿苑里专门研究类人猿的心理。他所得的结果都足以证明联想主义与行为主义之同犯一病而完形心理学之较近于真理。现在略举两种来说明。

比方有两个盒子，甲是深灰色，乙是浅灰色。浅灰的乙盒是空的而深灰的甲盒贮了食品。把这两个盒子同放在猴栏里。类人猿经过几次摸索以后，便记得深灰色的盒子里面有食品，以后他觉得饥饿时，便一直跑到深灰的甲盒，不复到浅灰的乙盒去摸索。这是什么原故呢？原子派心理学者说，甲盒所留的印象和食品所留的印象在类人猿的脑里发生了联想，所以每逢看到甲盒，就联想到食物。现在暂且不理会这话是非，姑且假想把原来浅灰的乙盒拿去，而代以比甲盒灰色更深的丙盒。丙盒是空的而甲盒里食物依旧不动。倘若原来那个猴子要食物，照原子派心理学的联想律说，他应该依旧一直跑到甲盒，因为甲盒已见过几次而丙盒还是初次见面。可是库洛无数次实验的结果殊大不然。类人猿十九都是跑到灰色更深的丙盒去。不惟类人猿如此，库洛更用鸡用三岁小儿来试验，结果都是如此。这个结果为原子观所说不通，而完形派心理学者则以为理应如此。因为类人猿所适应的是一种完全境遇，并不仅是完全境遇中之任何部分；是两种灰色相较而着重其较灰者，不是独立的深灰色。

桑戴克（Thorndike）、华生（Watson）解说学习心理，都根据"碰巧碰不巧"（trial and error）一个原则，他们以为许多乱发的动作（random actions）中假如有一种发生好结果，则以后这个成功的动作复演的机会多，所以终于成为习惯。华生和行为派学者尤其把行为看作机械，看作许多成功的反射动作之总和。库洛以为这种机械观实不符于事实。他拿类人猿做实验，结果发见两种动作。一种如行为派所云之乱发动作，先后不相关联，碰得巧则复演多次遂成习惯者；一种为自始至终，一气贯串之反应而不必借乱发以尝试成否者。第一种乱发动作常不能成功，而成功者常为不经尝试始终贯串之动作。比方悬一篮香蕉，使类人猿不能用手攫得。笨的类人猿只东走西顾，乱跑乱跳，而终于无法可想。聪明的类人猿只左右觑视一番，发见一条棍子，便直接拿棍子去取香蕉。倘若棍子短了，他看见另有一条细棍可插进空心的粗棍里，他便知道两条棍子接起。这种动作决不如行为派学者所云乱发动作与"碰巧碰不巧"。动作简单时，说每部分都是碰机会学成的，还能自圆其说；但是在复杂情境之下，有意义的行为决不能说是许多部分之和，而每部分都是碰机会学成后堆在一块的。库洛以为行为派只知道把无意义的反射动作砌成有意义的行为，而决不问意义究自何来。所以库洛主张把行为也看成一种完形。

七　完形心理学的批评

完形派心理学并非一种异军特起。反对原子观而注重整体观,不仅是在心理学上久有酝酿,而且可以说是现代思想上的普遍潮流。这种潮流可以说是从生物方面发源。美国杰宁司(Jennings)穷毕生之力研究下等动物的行为。他本来是一个机械观的信徒,到晚年完全转过方向,以为生物行动决不是机械的,而研究生物应从全体生机着眼。杜里舒在他的《心理学之转机》里也说:"在近代生物学与心理学中,全体的概念是主要角色。我们现在不说总和观(sum-concepts)、联想、机械而说完全观(totality concepts)、灵魂与生机了。"英国浩尔敦是生物学者而兼物理学者,他从物理观点研究器官机能,也发见在生物体中各部分作用有不合寻常物理者。他在《呼吸生理所指示的生物与环境之关系》一书里就极力主张部分之和不能等于全体,而部分之特性视全体之特性为转移(见 J. S. Haldane: Organism and Environment, as Illustrated by the Physiology of Breathing)。不特在生物学,就在物理学方面,整体观也逐渐代替原子观了。英国大数理哲学家怀特海在去年所出版的名著《科学与近代世界》(Whitehead: Science and the Modern World)里便主张物理学应该采取完形观。他说:"电子在生物体内时与在生物体外时绝不相同,此乃物体的构造使然。电子在生物体内处处都要和全体构造相欣合无间。心理状况即为此全体构造之一。全体改变部分一个原则在全自然界都很普遍,并不仅是生物的特有属性。"

至于在心理学方面,攻击原子观的运动早就很剧烈。机能派领袖詹姆斯虽未完全摆脱分析窠臼,然而他处处都攻击心为感觉组成之说。他在《心理学原理》里感觉章,心质章,意识之流章

(Chapters on Sensation，The Mind's Stuff，The Stream of Conscousness)攻击联想主义和机械观的话自然在个个心理学学生的记忆中，用不着引证。麦独孤在《心理学大纲》(McDougall：Outlines of Psychology)绪论里说现代心理学攻击原子观的倾向也很详细。美国柯尔金斯(M. W. Calkins)在今年一月号英国《心理学杂志》发表一篇文章叫做《现代心理学的集中倾向》(Converging Lines in Comtemporary Psychology)。她把现代各派心理学摆在一块比较，而寻出两种公同倾向：(一)排斥原子观。(二)主张以心理学为研究整个人格如何应付环境之科学。除完形派以外，她举了三派。第一为行为派。在实际上行为派虽如考夫卡所批评偏重部分动作，但在理论上，华生辈也曾宣称心理学应研究完整的反应行动。第二为考尔铿所称之人格派心理学(personalistic psychology)。这派学者以为心理学既不如构造派所云，在研究心的内容(contents)，也不如机能派所云，在研究心的作用(process)。它所研究的是经验之主人翁，是自我。这派又分广义、狭义两系。德国斯湍恩(Stern)、英国麦独孤、美国安杰儿(Angell)代表广义系，他们把自我看作全人格。狭义系为英国华德(Ward)、德国原克(Rehmke)，而美国的代表就是柯尔金斯她自己。他们专重有意识的自我(conscious self)。第三为伟洛德派(Freudians)。这派的复念(complex)说虽近于原子观，然其大体亦注重全人格。

从上面所说的看起来，完形派不过顺着时代潮流而加以有力的推助。他们最大的贡献在提出一种具体学说代替原子说。知觉(perception)心理总算在他们的手里经过一番改造。不过完形说之应用仅限于知的方面，而不能推之于感情意志，所以完形派心理学者大半过于忽视感情意志本能诸问题。考夫卡在他的《心之生展》里简直很少提及感情意志本能与心理发达的关系。这总是一个缺点。

矫枉往往过正。完形派心理学者因攻击原子派心理学而攻击其所用之分析法，也似欠辨别。分析固易发生流弊，然而完全弃去，则决不可。科学方法常注重分析，实因有限制一部分现象而窥其因果之必要。譬如甲乙丙发生之后，丁随之发生，我们要知道丁之真因为甲为乙抑为丙，不能不使甲乙丙三现象分立而研究之。从完形派观点说，甲乙丙是全境，不可分析，这显然是犯笼统的毛病了。柯尔金斯在今年三月号《心理学评论报》(Psychological Review)所发表的《完形派心理学的批评》里和赫尔生在今年三月号美国《心理学杂志》所发表的《完形派心理学》里都以为完形派绝对丢开分析法，操之过激。

原子派心理学以心理内容部分之和等于全体，固属错误，完形派学者因着重整体而完全忽视部分，也未免走入相反的极端。考夫卡、库洛都以为知觉先全体而后部分。美国宾涵(Binghan)对于鸡的实验，来希列(Lashley)对于鼠的实验，其结果适相反，心的样式不同。有些人先见全体而后见部分，也有些人先见部分而后见全体。部分有时也极重要。比方一个屋子里摆了几十张四弦琴，形样大小都是一样。但是我自己的琴，我一眼就可以看出。我所以能识别我的琴，不是因为见其整体，是因为见出整体中某部分之特点。所以完形派重视整体，也太过分了。

总之，心理学还是很幼稚的科学。完形派仅指出从前一个学说之错误，而并没有完全解决知觉的难题，其他的难题更不用说了。所以怀疑的人仍然不免徬徨犹豫！

1926 年 5 月，爱丁堡

（载《东方杂志》第 23 卷第 14 号，1926 年 7 月）

现代英国心理学者之政治思想

以心理学言政治,其滥觞盖甚近。然历来政治学率于人类天性先有一种假定。柏拉图之《理想国》揭橥贤人政治,即以国家比拟个人性格,理智支配情欲,乃能止于至善。亚理斯多德以人为社会的动物为国家继续存在之理由,有国家然后个人之天赋才能乃得尽量发展。近代政治学之先导当推霍布斯、卢梭与洛克,三人主张虽异趋而援心理学以为论据则先后同辙。霍布斯谓人性恶,惟知畏威惧惩,故主张专制。其意以为人类赋性莫不贪鄙险狠。政法不存,人各竞逞其私,于是争夺之祸乃不可免,授大权于一尊,罚其不听命者,于是人人乃得相安于无事。卢梭洛克均主张人性善,其相率而为恶者,乃制度习俗使然。卢梭倡民治,洛克主君宪,皆以性善为立脚点,此应用心理学于政治学之著例也。

十九世纪之英国政治思想,自踵至顶皆为功利主义(utilitari-anism)所熏染,而开起源者则为边沁,边沁政治见解根于心理学上之享乐主义(hedonism)。自边沁观之,人为乐利自私之动物,一言一动皆以趋乐避苦为衡,人生之目的为幸福,幸福即乐过于苦之义,政府之唯一目的即在谋最多数人之最大幸福,而谋最大幸福之方则在取乐利主义为立法施令之准。穆勒承边沁之绪而稍立异,以为最大幸福之准不仅在量而在质。盖苟仅以数量衡幸福而以社会幸福为个人幸福之和,则人人苟营其私而已,匪特舍己为群者无自来,而个人彼此利害冲突之势必启社会争夺之渐,以质衡幸福,而后博爱之教、慈善之业在社会中乃有其极大价值焉。

政治学上之功利主义根于心理学上之享乐主义既如上述,而享乐主义派心理学又根于历来专恃玄想治学者之理性主义(intel-lectualism)。此派学者以理智为万能。吾人凡所举措,心中先预存一享乐标准,看透目的,筹安方法,谋定而后动。故行为乃理性之产物。现代英伦心理学者之政治思想乃十九世纪理性主义之反动,其代表人物当推麦独孤(W. McDougall),兹篇略疏其学说焉。

麦独孤之主要著作为1908年所发表之《社会心理学引端》(In-troduction to Social Psychology)。此书精髓即在否认边沁行为根诸理性之说。其言曰,吾人生而有种种先天的自然倾向,如本能,如情绪,其势力如洪波潜涌,吾人往往受其驱率操纵而不自知。当吾避彼而趋此时,吾对于彼生苦痛此生快乐之结果,胸中初无成竹。盖自然早已于无数亿万年中授此倾向于吾远祖,吾特梦梦然顺此倾向以适应生存,如鹊之营巢,鸡之孵卵,初不知巢之可避风雨而卵之将鸹雏也。行为根于理性之说,实误解人性。理性之为用,仅在筹划方法手段以达本能所已指令之鹄的,而此方法之施行,又必假本能之力,如钟表之赖弹簧,蒸气之赖煤电焉。故本能实为人类行为之唯一原动者,理性仅供其驱使而已。理性之来,尝在行为已发生之后，其用只在解释辩护。询汲汲于名利者曰，汝何为贪缘辛进，彼必答曰，吾将有以利国福民也。询寻求性欲刺激者曰，汝何为日日往跳舞场与电影院？彼或且曰，吾将藉此观察人情风俗也。受支配于本能而别假理由以自遮饰者，往往类此，边沁之徒泥于形似而不穷其究竟，无怪其颠倒本末也。

边沁以为一切人类行为皆可以利己之动机解释之，麦独孤亦不谓然。人性多原，行为之动机亦极繁复，决非可以某一种欲望解释之者。科学家穷幽探险，其原动力为好奇；慈母赴汤蹈火以全其子女，其原动力为母爱，均不视为趋乐避苦。母爱扩而充之，乃有种种利他的(altruistic)倾向。社会一切慈善事业即基于此。边沁以为人尽利己，将何以解释弭兵释奴恤贫诸运动乎？苦乐之影响行为实非如边沁所言者。行为既已发生，快感可以延续之，痛感可以缩短之，至于快乐与苦痛自身固非行为之原动力也。边沁又说认幸福为快感之总和，实则二者之迥然有别。快感(pleasures)飘忽无常，而幸福(happiness)则为形成人格诸情操之谐和翕一。执边沁之幸福说，则社会道德无自而生，盖个人自觉为社会一份子而起自苦之心然后乃有道德可言也。

边沁之心理见解集中于乐利，故其政治学说重个人；麦独孤之心理见解集中于本能情绪与社会环境之交感，故其政治主张重群众。麦氏在1920年所发表之《群心》(Group Mind)即应用其《社会心理学引端》中之原理以诠群众政治生活者也。自麦独孤观之，凡组织完善之群众皆为完整有机体，不特自具个性而其心理生活亦不仅为诸份子心理生活之总和。使个人可脱离社会独立，则其思虑情感意志，均必与在为社会一份子时迥异。社会之生存，其诸份子之互相联贯，均赖有此集合的心理作用(群心)以维系之。故精密言之，社会具有自我，具有心灵。名此集合的心理曰群心，其为用适与个人之心相同，可思考，可感情绪，可发意志，可依其特殊规律而生长滋大。群心之本源在个人之自尊情操（self-regarding sentiment）。自尊情操之扩充，即小我之生长。所谓小者仅指吾个人人格而言。吾个人人格有瑕疵，自尊之念固因之挫衄矣。然推而广之，吾家庭之名誉遭指摘，吾学校之风纪贻口实，吾所操之业不为社会所重视，吾所隶之国家在受人凌辱，吾所生之时代为羞耻之冲积层，则吾亦尝瞿然深省而自惭焉。人格愈伸张，则自尊情操愈推广，而自我之范围亦愈扩大，群心者即个人具有大我时之心理也。

近代政治思潮颇为卢梭普遍意志（general will）之说所影响。麦独孤群心之定义毋乃卢梭之应声回响乎？是大不然。"普遍意志与全体意志（the will of all）有别。普遍意志所企图惟在公共幸福，而全体意志则顾及各份子之利益，其性质仅为一丛个人意志之和。取全体意志中之互相冲突者抵消正负，其所差之和乃为普遍意志。""最高权由此普遍意志行使。"此二语为卢梭《民约论》中之名言。鲍申葵以此普遍意志不存于各个人意识中非之。麦独孤则曰，卢梭之言似近真理，然误在以人可脱离社会环境而形成其人格。故其所称存于个人心中之普遍意志，乃超然于社会影响之外，仍不外为小我之希冀而已。群心所发之意志则不然。吾心中有我存在，有我所隶之群存在自尊，情操之扩充，从而纳群于我，故吾所希于群者即吾所希于我者。譬如吾隶某军某旅，方得主将之令，鼓勇夺要塞。此时吾之意志不仅在全吾身躯增吾名位焉，吾个人死实不足惜，而吾军吾旅之荣誉则不可以我而荡然扫地，吾志如此，吾同僚吾官长之志亦如此，此则群心所发之意志也。

群心之作用效力随群之组织完善与否而异。群之组织最完善而其群心最发达者首推同种国（nation state）。同种国者一种民族享有政治的独立，具有全民的心理与特性，而能运用全民的思想与意志之谓也。全民之特性尝为悠久历史之产物，故与某一时代中各份子特性之总和绝非一物。全民心理之存在多赖国民份子间之同类情感,而同类情感基于八种要素:(一)同种,(二)份子间之交际自由,(三)卓越领袖,(四)明了的公同目标(尝在危急时表现),(五)悠久的生存,(六)全民心理所产生的制度,(七)全民的自觉,(八)与异国之竞争。(编者案,以此八要素衡目今中国,吾人只有同种与悠久生存两点可自豪,与异国之竞争,乃时势所逼来者。交通不便利,不足与言份子间之交际自由。群龙无首,更不足与言卓越领袖。因此全民心目中无明了的公同目标,而现行制度亦不能谓为全民心理之产品。乐观者或谓年来种种运动足徵全民的自觉,然纷纷攘夺又何自来乎? 言之殊慨然也。)

　　国家组织愈完善,则其全民心理所产生之制度亦愈有弹性,愈能随机应变。全民活动既愈精审愈翕一,则其中各份子可渐减少其担负与效率,盖一国之已成制度不啻个人之本能,其已成风俗不啻个人之习惯,其深谋远虑所得之社会组织不啻个人观念联想中心,因俗以为政,驾轻而就熟,自易为力也。此种表现全民性之制度必为自然进化之结果,不易以人力一蹴而就之者。若国家制度不产于自然进化,而仅为勉强造就者,则往往畸形发展。各部分不能翕一,譬如执行机关虽能运用自如,而立法谋虑机关或不能随机应变。大战前之德意志实外强中干,因其制度过于机械,遇危难时遂不免穷于应付也。

　　全民意志所发生之行动,必为人人所同趋附者焉,必以国家幸福为目的焉,必为法定谋虑机关意思审虑之结果焉。所谓国家幸福者与全国人民幸福之总和有别。盖国家生命较之某一时期中全国人民之生命,久暂悬殊,不啻天壤,而谋国家幸福者必顾及悠久之过去与方兴之未来。大战中比利时人民宁受蹂躏歼灭,而不愿屈伏于德国暴力,即牺牲一时全国人民幸福而谋国家幸福之好例也。

国家幸福虽必深印于全民脑中,而取何方法以获得之,则必取决于法定谋虑机关之大多数。其少数反对多数议决案者亦必服从,此并非剥夺其个性自由,因此数本先已承认谋虑机关之组织也。在英法美诸国,人民个性与团体精神颇可并行不悖,盖其支配执法机关之谋虑立法机关为有形国会与无形舆论所组成,而国会与舆论实全民国家观念之结晶也。自麦独孤观之,英国众院组织尤善,议员既多为优选,而于此优选中又拔其俊者组种种委员会,运筹实施,用各尽其材。国会中政府党与反对党互相窥瑕指隙,而议案之决乃不得不慎之又慎。此种机械背面又有国会代表全民意志一传统观念,舆论势力乃能阴驱潜率,使利己营私之领袖无所施其巧。故英国政治组织最能表现全民意志,而其国家观念亦因以日益发达也。

麦独孤之社会心理学说大要如上述。英国自十九世以来功利主义太盛,麦氏之说给传统的英国政治思想以一大打击,其影响固甚钜。然仔细寻绎之,其破绽亦还不少。吾人适应环境实以全副人格当其冲,麦氏分析全副人格为若干遗传性之总和,谓某种行为生于母爱,某种行为生于占有本能,以之论个人心理因未脱构造派抽象立论远于事情之大弊,而以之诠社会现象,尤往往格格不入。边沁谓行为动机在乐利故为理性的,麦氏指其疵是矣,而乃以本能与情绪为人类行为之唯一原动者而理性仅供其驱使,此固受二十世纪理性主义反动思潮之影响,然矫枉至于过直亦为政治学者所不满。现代英国以心理学言政治者麦独孤之外尚有华莱士(G. Wallas)与浩布浩司(Hobhouse)。二人学说非本篇所能详述,然其要旨均在指出本能与理性根本上绝非背驰者,自二氏观之,人性中不惟本能有其先天的基础,即理性亦莫不然。单纯本能惟在动物级乃可发见,至于人类,刺激既繁复,而反应亦随机应变,不主故常,其左右指使之者实为理性。惟有理性,行为乃脱机械之桎梏,而其目的亦愈明了,惟有理性,而各种无理性的冲动乃能调和妥洽而形成完整人格。故理性非外来之物而徒供驱遣者,此则麦氏之偏见也。

不宁惟是,麦氏一方面攻击斯宾塞(Spencer)吉丁司(Giddings)以来诸社会学者"同类意识"之说,而一方面又自铸"群心"一词,引个人之"心"以为喻,恐亦比非其伦。麦氏在《群心》书序中再三声明自己未受德国思想影响,其实麦氏学说之骨髓仍自德国唯心哲学得来,稍读黑格尔、费希特者当能知之也。

麦氏之弊在过重社会团体之完整,而未尝三致意于其各个份子之个性。纪律森严之军队或偶能如麦氏所称之完整,至于近代国家实尚未有抵麦氏之标准(上述八要素)者。姑言英国,爱尔兰已独立,苏格兰、威尔斯与英伦原为三邦,现在政治上虽云统辖于同一政府,而国民心理则犹未臻一致。苏格兰人民现仍极力保持其苏格兰思想习俗,对于"界外"英伦人尝另眼看待,呼苏格兰人为英国人,在苏格兰人观之,为大不敬。威尔斯人心目中对于不列颠国性亦甚模糊隐约,此其不完整者一也。加之政治见解,纷歧更甚,社会主义者只承认职业上之结合为单位,而天主教徒之视英皇,远不如罗马教主,举此一端,他可概见。至谓英国众院为代表真正民意,闻者亦不免置疑。1918 年与 1924 年之选举,其成绩之劣犹在人耳也。代议制度已为一般政治学者所不满,麦氏自扬英国之荣誉,乃极力辩护其代议制,而不知事实昭彰有未容讳者也。(梁任公先生在《欧游心影录》中甚称英国众院秩序之严肃,参观英众院开会者见议员之加足于椅背者,摩拳擦掌纷纷叫嚣者,议事正当紧要时弃席而走者,几为惯例,回忆梁先生对于"巴力门"所得之"心影"尝哑然失笑也。)

(载《留英学报》第 2 期,1928 年 6 月)

行为主义[①]

　　行为主义虽似为美国特产,而考之实际,则仅为十九世纪科学界唯物主义的余波,不是一朝一夕间突然发生出来的。

　　唯物主义在心理学上提出两大原则:

　　(一)宇宙间一切事物到最后都可以机械律解释,一切科学到最后都要变成物理学的附庸。物理学现象自成一完全系统,其中因果都只受物理的原理支配,非物理的原理如心灵精神等等无从参入。因此,心理学渐有忽视心理作用而偏重身体动作的倾向。

　　(二)物理学既为一切科学所归宿,则一切科学必逐渐借重于物理学的方法。物理学的方法只有客观的实验。因此,心理学逐

---

　　①　此文为作者《心理学派别》中的一章。该书后来未见出版。——编者。

渐趋重实验而抛弃内省。这种新趋势发源于德国。斐西纳(Fech-ner)首创"心理学"(psycho-physics)，遂开德国心理学界实验的风气。美国心理学界先辈大半都受过德国影响熏陶的，所以实验的风气也很盛。行为派学者虽藐视他们的构造派和机能派的先辈，而其实他们自己受这两派的影响也颇不浅。华希邦(Wasburn)女士曾经说过，行为主义与构造主义有一点根本相同，就是他们都把物理世界看作一种完全系统(closed system)，不容非物理的原因发生物理的结果。他们所不同者只是构造派学者于物理世界以外，承认另有一心理世界，而行为派则以为物理世界是唯一的世界。论理，行为主义应为构造主义之联盟而实际上所以为机能主义之嫡裔者，行为主义和机能主义都不理会身心问题而只言适应，这是和构造主义不相容的。(见《心理学评论》29卷第2号，1922年)

行为主义所受的直接影响以生物学为最巨。自达尔文《物种源始》和《人类祖先》诸书出世以后，心理学从生物学方面得有两大教训：

(一)生物的构造和动作既各有所贡献于生存竞争，则意识之流中的一波一折在生理上亦必各有其特殊功能。何种刺激引起何种反应，在心理学上乃成为一重要问题。

(二)由无机到有机，由低等生物到高等生物，其中进化程度虽异而本源则同。生命是连续的，人与物中间并没有不可跨越的鸿沟。因此，吾人研究心理，不应该只拿人做对象，应该把一切动物都包纳在研究范围之内。

机能派心理学是从第一个教训推展出来的。行为主义以第二个教训为基础，而同时又受有第一个教训的影响。行为派学者虽把机能主义摆在构造主义来攻击，而实际上机能主义乃行为主义先河。詹姆斯在几十年前便提倡他所谓无心灵的心理学(psychology without a soul)。他解释情绪，以为先有身体上的变动然后有情绪,情绪只是有机感情的总和。他解释心理活动(mental activity),以为喉头开闭、腭肉张弛诸身体动作以外别无纯粹精神的成分。(见《心理学原理》第一卷 299—301 页)华生解释情绪和思想都和詹姆斯这种说法没有大差别。行为派心理学所研究的只是刺激与反应,这也是从机能派学来的。

但是行为主义是从动物心理学发轫的。自从动物心理学露头角以后,心理学于是不得不经过种种变动:

(一)范围的变动——从前人类心理学是主位,现在心理学范围大加扩充,人类心理学不过是动物心理学的一部分。

(二)方法的变动——人类心理学既只是心理学的一部分,我们便不能依旧拿只可应用于人类心理学的方法来研究全部心理学。从前研究人类心理学主要的方法是内省。内省决不能适于动物心理学。适用于动物心理学的方法只是实验和观察。因此,客观的实验和观察遂逐渐代替主观的内省。

(三)问题的变动——以实验和观察两方法研究动物心理,我们只见到行为而见不到意识,从前构造派的问题是:心理状态(states)如何? 如何组成? 机能派的问题是:心理作用(processes)如何? 其功能如何? 现在我们研究全动物界,内在的心理状态及作用均无从察知,所可察知的只是动作。所以我们只能问:动作如何? 如何发生?

(四)术语的变动——方法和问题既改变,则从前心理学上的"感觉"、"观察"、"想象"、"意识"等等名词皆不复适用。其他如"本能"、"情绪"、"记忆"等等名词虽可沿用,但应给以新定义。

这四大变动都是研究动物心理所生的结果,在行为主义上极为重要。此外行为主义借助于生理学的地方亦颇不少,攻击行为主义者多谓行为派心理学只是生理学。华生则否认此说。他以为生理学所研究的是各局部器官单独对于某刺激的适应,而心理学则研究全身对于环境的完整适应。比方我们研究肠胃蠕动、口涎分泌、血液循环等作用时，我们是研究生理。我们研究张三怯懦、李四烦闷等等时，我们是研究心理。照表面看，这种分别本很清楚，可是在实际上行为派学者并不能严守这个区别。华生的《行为观点的心理学》几乎有一半是讲感受器官（receptors，即从前所谓知觉器官）和反应器官（organs of response，如筋肉腺液）的生理。他所下的刺激与反应的定义也和生理学所下的全无二致。行为主义最重视习成反射法（conditioned reflex methods），而这种方法就是完全由生理学方面假借来的。习成反射法有两种。一种是俄国生理学家巴洛夫（Pavlov）所发明的，用以研究腺液分泌反射。一种是俄国生理学家伯契鲁（Bechterew）所发明的，用以研究动作反射。这两种习成反射法所根据的原理都相同，就是拿人为的刺激代替自然的刺激，使原有反射依旧发生。比方一方面击电铃，一方面通电流于手指，手指受电流刺激必发生颤动的反射。如只击电铃，颤动反射并不发生。但是经过几次同时击电铃通电流以后，不通电流而只击电铃，则颤动反射还依旧发生。原来的刺激是电流，代替的刺激是电铃。这代替的刺激所引起的反射便是习成反射。再比方狗经过几次同时闻铃食物以后，不得食物而只闻铃也分泌涎液。这也是习成反射。

总观上列各点，可知行为主义的来源实在 19 世纪中各科学的普遍趋势，所受物理学生理学生物学的影响最多，而尤得力于动物心理学。行为派的首领为华生（J·Watson）。他在 1913 年 3 月号《心理学评论》里发表一文，名为《心理学，自行为主义者观之》（Psychology as the Behaviourist Views It）。这篇文章仿佛是行为派的宣言。它开头就说：

　　　　自行为派学者观之，心理学是一支纯粹客观的实验的自然科学。它的学理上的目标在预知行为与支配行为。内省不是它的方法中一要素；它的论据在科学上的价值也无赖于其能否用意识的话头去解释。行为派学者欲得一完整方案以统摄动物适应。不承认人与兽中有何界限。人类行为，虽精细繁复，终仅为行为派研究方案中的一部分。

1914年华生发表一书，名《行为，比较心理学引端》(Behaviour, an Introduction to Comparative Psychology)，1919年又公布其重要著作《行为派观点的心理学》(Psychology, from the Standpoint of a Behaviourist)。前书从行为派观点研究全体动物心理学，后书则从行为派观点而专研究人类心理学一部分。他的心理学定义是："心理学是拿人类动作与品格做对象的一种自然科学。它用有系统的观察与实验，以求制定人类行动所依据的定则与原理。"（《心理学》第1页）"心理学的目标在考定论据与定则，使在一定环境之下，心理学可预测某种动作当发生；反之，知有某种动作，心理学上可因而推知其发生的所受刺激如何。"（《心理学》第10页）

从前心理学课本满纸都是知觉意识观念想象等等。行为派心理学课本满纸都是刺激反应。反应分四种：

（一）显露的习惯反应（explicit habit responses），例如打网球，造房屋，和旁人交好等等。

（二）隐藏的习惯反应（implicit habit responses），例如运思，腺液及非条纹筋肉的习成反射。

（三）显露的遗传反应（explicit hereditary responses），包含本能与情绪。例如嚏，瞬，怒，爱等等。

（四）隐藏的遗传反应（implicit hereditary responses），例如腺液分泌血液循环等等。这类反应多属于生理学范围。

行为派学者对于这四类反应的解说，都很不与人同，而尤其奇怪的是他们对于思想的学说。论理，他们既否认意识，似不能不否认思想。可是他们还把思想一个名词留在心理学里。在他们看，思想并非意识作用，实不过为言语机械（language mechanism）的动作，与打球泅水诸事同为筋肉运动。言语机械的重要部分为喉舌唇齿。但是就广义言，言语尝包含全身活动。比方容貌姿势的变化都与言语密切相关。思想也借全身活动，不过喉舌唇齿及其附近的筋肉活动最为重要。脑在思想时的活动和在打球泅水时的活动没有分别。思想不全为大脑作用，犹之打球泅水不全为大脑作用。行为派不理会知觉意识，所以把脑的功用也看轻了许多。言语可分三种：一，朗语，二，低语，三，默语。朗语时，声带振动很激烈，所以易为人听见。低语时，声带振动舒而缓，其声细微不易辨别，旁人只能见到唇颚微动。默语时既无声音可闻，唇颚又无所表现，只有眉际常略起皱纹而喉舌亦微颤动。通常所谓思想，就是默语（subvocal talking），但是思想并不限于默语。儿童常自言自语，喃喃不休，就是所谓"大声思想"（thinking aloud）。

依行为派学者看，情绪与本能都是遗传的反应方式，所不同者情绪的反应多限于本身内部器官，例如面红耳赤；本能则为全体对于外物的反应，如婴儿用手攀住事物以免堕跌。华生所下的情绪定义很像詹姆斯和朗吉的情绪说（James-Lange theory of emotion）。他说，"情绪是一种得诸遗传的常规反应（pattern reaction），连带有强烈的身体机械全部的变动，尤其是内脏与腺液系统的变动"（《心理学》第 195 页）。华生虽沿用"本能"一个名词，但是和一般心理学者所谓"本能"，意义颇不一致。他说："本能是一种得诸遗传的常规反应，其各个成分多为条纹筋肉的运动。"生理学家洛叶布（Loeb）尝谓"本能乃一串反射"，华生颇赞成此说。换句话说，行为派学者把本能看作反射集合成的。并不像麦独孤所说的本能,其中有知的成分。华生的弟子如康脱(Kantor)郭任远诸人则更进一步而根本否认本能之存在。他们以为通常所谓"常规反应动作"都是习得的(acquired),都是习惯而非本能。既否认本能,便不得不否认遗传,所以郭氏主张心理学者丢开遗传的话头。(参看郭氏在 1921 年美国《哲学杂志》29 号里所发表的《心理学抛弃本能论》及在 1924 年 11 月号《心理学评论》所发表的《无遗传的心理学》)

不过废去本能只是"左派"的主张。华生自己仍然把本能和习惯分开。本能和习惯同是反射集合成的,本能的反射得诸遗传,而习惯的反射则得诸学习(learning)。学习即习惯的养成,亦即习得反射(conditioned reflex)的养成。美国心理学者解释学习,多奉桑戴克(Thorndike)"尝试错误律"(the law of trial and error)为金科玉律。比方把老鼠放在迷径里,它起初只知乱跑乱撞。这乱跑乱撞是尝试,是乱发动作(random activities)。这些乱发动作许多都失败了,后来碰巧其中有一个动作成功而老鼠撞得一个出路。假使这条出路有红色做标记,老鼠经过几次尝试以后,便学会了走红色标记的那条路,而不复乱跑乱撞。换句话说,它见到红色的刺激,便发生向那方跑的反射,这个反射久而久之便根深蒂固,成为习惯。华生解释学习,也采用桑戴克的学说,不过再加上他自己的"习成反射说"。老鼠由乱发动作而碰中出路是自然的反射,由看见红色而走到出路,是习成反射。

行为派心理学大要如此。我们分析其内容,可得下列诸要点:

(甲)积极方面:

(一)行为主义把心理学范围推广,使全动物界都容纳在内,而人类心理学仅为其一部分。

(二)行为主义把心理学拉来和其他自然科学平等,全用客观的方法来研究,全用机械律来解释。

（乙）消极方面：

（一）行为主义不理会心理状况和作用；在他派心理学中占重要位置的知觉、观念、想象、意识、目的、志愿等等都被丢开。

（二）因为丢开意识，行为主义把从前心理学所最倚重的内省法也丢开不用。

这四点是行为主义的普遍基础。至于讨论心理学上的特殊问题，行为主义有下列几个重要的主张：

（一）思想是言语机械的动作，它是默语。

（二）情绪是身体上的，尤其是内脏和腺液的变动。

（三）本能是反射联络起来的，联络的线索和次第得诸遗传。

（四）习惯也是反射联络起来的，联络的线索和次第得诸学习。

（五）学习如桑戴克所说，乱发动作中碰巧有一个动作成功，以后遇同样刺激时，只有这成功的动作再发生。

行为主义已经有二十几年的历史了，心理学者附和的固多，攻击的亦复不少。现在我们姑且平心估定它的价值。

从积极方面看，行为主义推广心理学范围，提倡客观的研究，这两点都无可訾议的。历来主观心理学者偏重内省。意识幻变无常，各人内省所得，往往和别人的不同。人各是其说，无客观的标准以衡量其真伪，心理学遂难达科学的理想。而且研究对象既偏于意识的分析，心理学无从脱离哲学，进步既迟缓，而于人生实用亦几漠不相关。构造派心理学渐不懂于人意，理固宜然。行为主义出，心理学者虽不尽附和抛弃意识的主张，而却逐渐承认行为为心理学上的首要问题。这是我们应归功于行为派学者的。不过这种功劳也不全是行为派的。行为主义未流行以前，动物早就有人注意，客观方法也就早有人应用，行为学者不过推波助澜罢了。

从消极方面，行为主义矫枉而过直，可攻击之点颇多。攻击得最中肯的文章要算华希邦（M. F. Washburn）在 1922 年 3 月号《心理学评论》所发表的《内省当做一个客观方法看》(Introspection as an Objective Method)。她以为行为主义误在只承认物理科学的世界存在。物理科学的世界只是一大运动系统(a system of movements)，而感觉性质系统(the system of sensation qualities)则不在内，在物理科学的世界中，我们只知有物体运动，而不知物体有何性质上的差别。行为派只承认有物理科学的世界，所以声色嗅味等等性质上的差别便无处安顿。比方某物体向蓝光发生反应动作，行为派能解释光的刺激，能解释反应动作，但是如何解释"蓝"呢？当他们着眼到刺激时，他们采取物理学家的解说，把光的刺激看作以太波动，暗地想着"蓝"应该摆在反应那方面。可是着眼到反应时，他们又采取生理学家的解说，以为反应是神经与筋肉的分子运动，暗地想到"蓝"应该摆在刺激那方面。其实"蓝"既不能摆在刺激方面，又不能摆在反应方面，因为刺激反应都是运动，而"蓝"却是刺激感觉辨别的性质，不是运动。行为派逃不掉这个难关，全然由于丢开知觉，是很显然的。

　　行为派学者的根本错误在把"行为"一个字看得太窄狭。动作固是行为，知觉何尝不是行为？意志何尝不是行为？行为派学者忽略知觉之误，已如上述，而他们对于意志亦不赞一词，也难叫人心悦诚服。麦独孤(W. McDouall)在1923年6月号《心理学评论》发表一文，名《目的心理学或机械心理学》即攻击此点。他以为行为派学者虽然极力攻击内省主义，而实与内省派学者同站在机械主义的基础上。内省派以为联络观念便可得心理，行为派以为堆砌反射便可得行为。以行为派攻内省派，只是以五十步笑百步。麦独孤以为一切行为都带有目的(purpose)。所谓目的，是指在未反应以前，心中对于反应之程序及结果如何，早存一种预计。人类社会中一切文物制度大半都经过这种预计来的。心理学如欲应用于人生实际问题，对于目的必特别加意研究。行为派心理学是无目的的心理学,所以是不能应用的心理学。比方当审判官审察一件谋杀案,决非仅考究若何刺激生若何反应所可了事。我们必须审问:某甲有意放枪么? 假若他有意放枪,他也许只是恫吓,不一定就有意杀死乙罢? 假若他有意杀乙,他的动机是什么? 这些问题在审判谋杀案时都极重要,而都非行为派学者所能答复的,因为他们的字典里根本就没有"有意"和"动机"一类的字。即此一端,可见他们的偏狭了。

行为派的第二个消极主张是抛弃的内省法。这一点也是众矢之的。他们以为只有观察法才有科学的价值。不知丢开内省,观察即不可能,因为观察还是内省我所见所闻于他事物者,比方外面打雷流闪,我可以观察而我身旁的书架和挂钟是不能观察的。所以考夫卡说"如果我们只能发出仅旁人可观察的反应,那末,就没有人能观察什么了"。(Koffka,The Growth of the Mind,p.17)

华希邦在《内省当做一个客观方法看》(见前)那篇论文里面替内省辩护,其理由亦极充分,她说攻击内省法者不是说它所得的结果不可靠,就是说它所得的结果不重要。若说不可靠,原来所谓"可靠"、"不可靠"只是比较的,不是绝对的。内省所得大半与实在符合。比方温度实在是低,我们才觉冷;光线实在是弱,我们才说暗。观此则内省的结果(如说冷说暗),并非完全不可靠。若有几分可靠,科学家便不应漠然置之。至于内省法的结果重要不重要,要看以往心理学的成绩。心理学家从研究余象(after image)、复象(double image)、差音(difference tone)、皮肤感觉诸问题,曾发见许多重要结论。这些问题除内省法以外,便绝对无其他方法可供给论据。现举一例,便可见内省法的价值。我们的两眼球网膜右半都有神经通大脑左半,两网膜左半都有神经通大脑右半。所以每眼球有一公共路径(common path)通大脑左右。从前学者以为这条公共路径是运动神经和感觉神经都可通过的。谢灵顿(Sherrington）尝用白光陆续刺激左右两个网膜之相当点，使右网膜感光时左网膜适不感光，左网膜感光时右网膜适不感光。如果感觉神经可通过公共路径，则刺激一网膜而大脑左右两部都发生感觉，结果左右两眼先后所受光的刺激应该发生总和（summation）或冲突（interference）的现象。但是谢灵顿实验结果，发见两眼先后所受光的刺激并不总和或冲突。因此他断定公共路径不是感觉神经的公共路径。这个发见在神经学上极重要，而其论据则全凭被验者内省。行为派学者把内省完全丢开，其粗疏于此可见了。

其实，行为派并未尝始终如一的丢开内省。华生列举四种心理学方法，其第三种为口报法（verbal report method），就是内省法的变相。用此法时，试验者发问，使被验者口头答复。例如用针触其皮肤，问其为寒为热。既得答案，即用为论据。这不就是内省法换汤而未换药吗？

关于思想是否为言语机械的动作一问题，1921 年《英国心理学杂志》第十一卷一号所发表的巴特列（Bartlett）、汤姆逊（Thomson）、华生诸人的讨论集，言之最详。反对思想为默语的理由最重要者有下列几种：

（一）行为派学者既不屑用内省法，而现在实验器具又尚未能精测思想时所有一切身体动作，他们是没有方法可直接观察思想进行了。他们何以知道有思想存在？（Titchener 说）

（二）言语为思想的表现（expression），不就是思想的本体。比方投石于井，必生泡沫，石是一事，泡沫又是一事，不能混为一说。（Pear 说）

（三）言语机械的动作是习惯动作，而思想则是创造的。说思想是言语机械的动作，就是说爱因斯坦的相对律，莎士比亚的《哈姆雷特》都是蠕舌蠕动的结果，未免不近情理。（Thomson 说）

（四）吾人常心中有所思惟而不能表诸言语。这件事实足以证

明思想不就是言语。(Pear 说)

(五)吾人当不用心读书时,言语机械照旧动作,而思想却不存在。(Drever 说)

这五条理由似乎都很充足。但是这个问题颇复杂。主张言语思想不可分,也有相当的理由。来希列(Lashley)实验所得结果,可证明思想时言语机械的动作与言语时无异。实验时用一句陈语使被验者先大声诵之,次低声诵之,次默思之。每次都用精密器具记载舌运动的轨迹于薰烟鼓上。三次薰烟鼓上所留痕迹纹理都相似,不过长短略有不同。华生即引用这个实验做论据。意大利美学家克罗齐(Croce)在他的《美学》里也主张思想语言不可分割,极力攻击普通先有思想而后表之以语言之说。行为派学者似未曾注意及此,不然,他们也大可以引以自重。

本能为"联锁反射"(chained reflexes)之说,本倡于斯宾塞,后由詹姆斯传桑戴克,再由桑戴克传华生。根据此说,则本能完全是一种机械作用。受刺激器官与反应器官中间的神经细胞径,因为遗传影响,抵抗力极低。所以刺激一与感官接触,立即由抵抗力极低的神经细胞径传到筋肉或腺液使登时起反应,好像打电话,这头一摇机关,那头铃子便响,这种机械的解释困难甚多。考夫卡在《心之生展》第三章里有一段很精辟的批评。第一,本能既为联锁反射,则在 a、b、c、d、e 诸反射所联锁成的本能中,a 刺激 b,b 刺激 c,c 刺激 d,d 刺激 e,而 a 不能直接刺激 e,换句话说,本能不受最后目的(end)的影响,也不能直接影响最后目的。考之事实,则本能动作都是趋附某种目的之动作。目的不达到,则发生各种不同的动作,坚持到目的达到时才停止。此即劳易·摩尔根(Lloyd Morgan)所谓"变力坚持"(persistancy with varied effort)。"变力坚持"有两种涵义。一,在受刺激时,发轫动作即向一固定目的进行。二,同一刺激可引起各种不同的动作;各种不同的动作都为着要实现同一目的。这两种涵义都与行为派的本能说相冲突。麦独孤讨论本能亦着重"变力坚持"与"目的",所以和行为主义不相容。第二,反射完全是被动的,先有刺激而后有反感。本能则不然。它是自动的,没有刺激时,它驱遣机体去寻刺激。例如动物求偶,鸟寻泥草筑巢。本能所以如此,因为它与情绪是密切相关的。麦独孤说,"本能动作天然带有若干普通的觉得到的兴奋(felt excitement)。这觉得到的兴奋,加上本能的活动,便是本能的特质"。行为派的错误在没有理会本能的内在行为(inner behaviour)。

至于郭任远废去本能之说,更难成立。郭氏学说可以一言以蔽之:凡是诸遗传者必完全早在生殖细胞中生得车成马就的,以后不能再受环境影响而生展;但是一切行为都是在环境影响中习得的(acquired),所以都是习惯。其实遗传真义在先天根性能影响后天生展,并非谓某种功能完全早在生殖细胞中成就,无待受环境影响而生展。所以郭氏所据的前提便不精确。研究人类行为,应考察其生物学上的进化背景,不能就现在截一横断面以立论。否认本能,便不能不否认遗传;否认遗传,便不能不否认进化论;否认进化论,便不能不把现代生物学的基础完全推翻。这是郭氏所难置辩的。(参看1923年5月号《心理学评论》W. R. Wells 的 Anti-Instinct Fallacy 一文)

行为派学习说即根据其本能说。本能说既难成立,学习说也难免随之俱倒。依行为主义,学习只是减少感官与反应器官中神经径的抵抗力。路愈走愈平滑,神经径也愈用愈减少抵抗。攻击这种机械的解释者以完形派心理学者为最力。考夫卡在《心之生展》里说出下面几条理由:

(一)注意时学习和不注意时学习大有分别。比方读一排无意字,不用心时读几十遍不能熟,用心读几遍就可背诵;不用心读的复习时所需次数较多,用心时复习所需次数较少。如果专就刺激反应说,用心时和不用心时都无大分别,神经径都要通过一次神经流。何以结果不同呢？从此可知学习不是机械的减少神经径的抵抗力。

（二）桑戴克以为学习是"尝试错误"的结果。库洛试验猿猴,所得结果与此不符,猴子处难境时固然也有时乱发动作,但是往往能用直觉领会环境全体,随机应变,一发即中,并不必经过桑戴克所谓"尝试错误"。

（三）学习必先领会全体境遇而后发生完整反应,并非把整个行为打碎成若干简单反射,而后一一学好再贯串起来。比方婴儿看见成人走,他也就学着走,并不必先把移脚移手的运动一一学好以后然后走路。

总之,行为主义侧重客观研究,扩充心理研究范围,固不为无功。不过它矫枉未免过直,在学理上有种种难点。

此文为拙著《心理学派别》中的一章。全书储稿待斟酌损益,《留英学报》索稿,检此以塞责。

十七年八月作者附识

编校后记

本卷是朱光潜先生在心理学方面的主要著作。包括《变态心理学派别》《变态心理学》及六篇有关心理学方面的文章。《变态心理学派别》成书于 1929 年，1930 年 4 月由开明书店出版。《变态心理学》写于 1930 年，1933 年由商务印书馆出版。二书在材料的运用上大致相同，不同的是前者以流派为中心，后者以问题为中心，可参照阅读。

本卷人名及书篇名索引

一、索引只收录本卷中所有以中文书写的人名及书篇名,不收以外文书写的人名及书篇名。

二、一页中同一人名出现多次者,只录一次页码。

三、索引采用笔画检字法编排。